国家自然科学基金项目（61703028）
北京市教委科研项目（KM202110016007）
联合资助

建筑智能化系统的Petri网建模与应用研究

谢雨飞　著

中国建筑工业出版社

图书在版编目（CIP）数据

建筑智能化系统的Petri网建模与应用研究/谢雨飞著. —北京：中国建筑工业出版社，2022.10

ISBN 978-7-112-28005-6

Ⅰ.①建… Ⅱ.①谢… Ⅲ.①智能化建筑-自动化系统-Petri网-系统建模 Ⅳ.①TU855

中国版本图书馆CIP数据核字（2022）第178592号

本书详细介绍了建筑智能化系统的特点，以及相关的建模与分析方法。重点针对建筑智能化系统中通信、数据、控制和管理在可靠性、安全性、实时性等方面的性能要求，阐述了基于基本Petri网、随机Petri网、有色Petri网、时间Petri网、模糊Petri网和混合Petri网的机理和方法，探讨了实现建筑智能化系统建模与分析所必需的理论与关键技术。在应用方面，阐述了支持相关研究方法的技术手段和工具及其使用方法。

本书适合作为控制、通信等复杂系统设计和分析人员的参考用书，也可以作为相关专业的本科生和研究生教学用书。

责任编辑：曹丹丹
责任校对：李美娜

建筑智能化系统的Petri网建模与应用研究
谢雨飞　著
*
中国建筑工业出版社出版、发行（北京海淀三里河路9号）
各地新华书店、建筑书店经销
霸州市顺浩图文科技发展有限公司制版
建工社（河北）印刷有限公司印刷
*
开本：787毫米×960毫米　1/16　印张：8½　字数：170千字
2023年6月第一版　2023年6月第一次印刷
定价：**48.00**元
ISBN 978-7-112-28005-6
（40123）

前　言

随着控制技术、网络技术和建筑智能化应用的快速发展以及各种需求的推动，建筑智能化系统正趋向于接入网络从而变得更加开放。在我国，一些楼宇控制系统、供热通风与空气调节（HVAC）系统等建筑智能化系统厂商通过网络进行远程监测和维护以降低服务成本提高售后服务质量；物业管理公司亦通过网络对处于不同地区的楼盘进行远程监管；国内越来越多城市将主要公共建筑和社区的消防、安防系统均接入网络从而与城市统一远程监控平台联网，以便更加有效地应对突发火灾和安全事故，减少生命财产损失。然而，建筑智能化系统联网的同时也带来了诸多问题，特别是可靠性和安全性方面的问题。此外，随着现代建筑智能化系统越来越复杂，其网络体系也变得庞大和复杂，一些新的不稳定因素随之产生，而目前智能建筑中监测环境又很缺乏，因此建筑智能化系统的分析和优化问题迫切需要被研究和解决。

本书详细介绍了建筑智能化系统的特点，以及相关的建模与分析方法。重点针对建筑智能化系统中通信、数据、控制和管理在可靠性、安全性、实时性等方面的性能要求，阐述了基于基本 Petri 网、随机 Petri 网、有色 Petri 网、时间 Petri 网、模糊 Petri 网和混合 Petri 网的机理和方法，探讨了实现建筑智能化系统建模与分析所必需的理论与关键技术。在应用方面，阐述了支持相关研究方法的技术手段和工具及其使用方法。

本书的研究工作是在国家自然科学基金项目“基于交互式马尔可夫链的列车运行控制系统安全通信实时性的研究”（项目批准号：61703028），以及北京市教委科研项目“基于有色时间 Petri 网的建筑智能化系统控制网络实时性研究”（批准号：KM202110016007）的资助下完成的，在此表示衷心的感谢。

研究生张绪冰、尹梓豪、顾增杰等同学为本书提供了案例分析，在本书的撰写过程中，笔者还得到了北京建筑大学电气与信息工程学院广大师生的大力支持和协助，在此对所有审阅本书以及在本书的写作和出版过程中给予热情帮助的朋友们表示衷心感谢。

由于笔者水平有限，书中难免存在不妥之处，恳请同仁和读者批评指正。

目　　录

第1章 建筑智能化系统概述

建筑智能化系统，通常称弱电系统，它以建筑为平台，兼有建筑设备、办公自动化及通信网络几个方面，集结构、系统、服务、管理及它们之间最优化组合于一体，向人们提供一个安全、高效、舒适、便利的建筑环境。为了便于理解，本章将从定义、组成、特点、发展现状等几个方面详细说明建筑智能化系统。

1.1 建筑智能化系统的定义

根据国家标准《智能建筑设计标准》GB 50314—2015，智能建筑是指以建筑物为平台，基于对各类智能化信息的综合应用，集架构、系统、应用、管理及优化组合为一体，具有感知、传输、记忆、推理、判断和决策的综合智慧能力，形成以人、建筑、环境互为协调的整合体，为人们提供安全、高效、便利及可持续发展功能环境的建筑。由此可以得知，我们所说的建筑智能化，就是为了实现建筑物的安全、高效、便捷、节能、环保、健康等属性。

目前，对于建筑智能化系统，不同的国家根据各自国情，有不同的描述。例如，美国的建筑智能化系统，是通过对建筑的四个基本要素——结构、系统、服务和管理，以及它们之间内在的关联的最优化考虑，来提供一个既能投资合理又能拥有高效率的舒适、温馨、便利的环境，并帮助建筑物业主、物业管理人员和租用人实现在费用、舒适、便利和安全等方面的目标，此外，还需要在长期运行中兼顾整个系统的灵活性和市场能力。欧盟对于建筑智能化系统的定义更加注重用户效率，认为建筑智能化系统应该保证建筑物能够实现最低的保养成本和最有效的资源管理，能为建筑提供反应快、效率高和有力支持的环境，使用户达到其业务目标。日本的建筑智能化系统则要求具有方便有效的利用信息和通信设备能力，并采用楼宇自动控制技术，使其具有高度的综合管理能力。

在我国，建筑智能化系统是指，利用现代通信技术、信息技术、计算机网络技术、监控技术等，通过对建筑和建筑设备的自动检测与优化控制、信息资源的优化管理，实现对建筑物的智能控制与管理，以满足用户对建筑物的监控、管理和信息共享的需求，从而使智能建筑具有安全、舒适、高效和环保的特点，达到投资合理、适应信息社会需要的目标。

1.2 建筑智能化系统的组成

通常来说，建筑智能化系统的构成主要包括三大要素：建筑设备自动化系统BAS（Building Automation System）、通信网络系统CNS（Communication Networking System）或通信自动化系统CAS（Communication Automation System）、办公自动化系统OAS（Office Automation System），即所谓的“3A”。这三者的有机结合构成建筑智能化水平。图1-1给出了建筑智能化系统体系结构图。

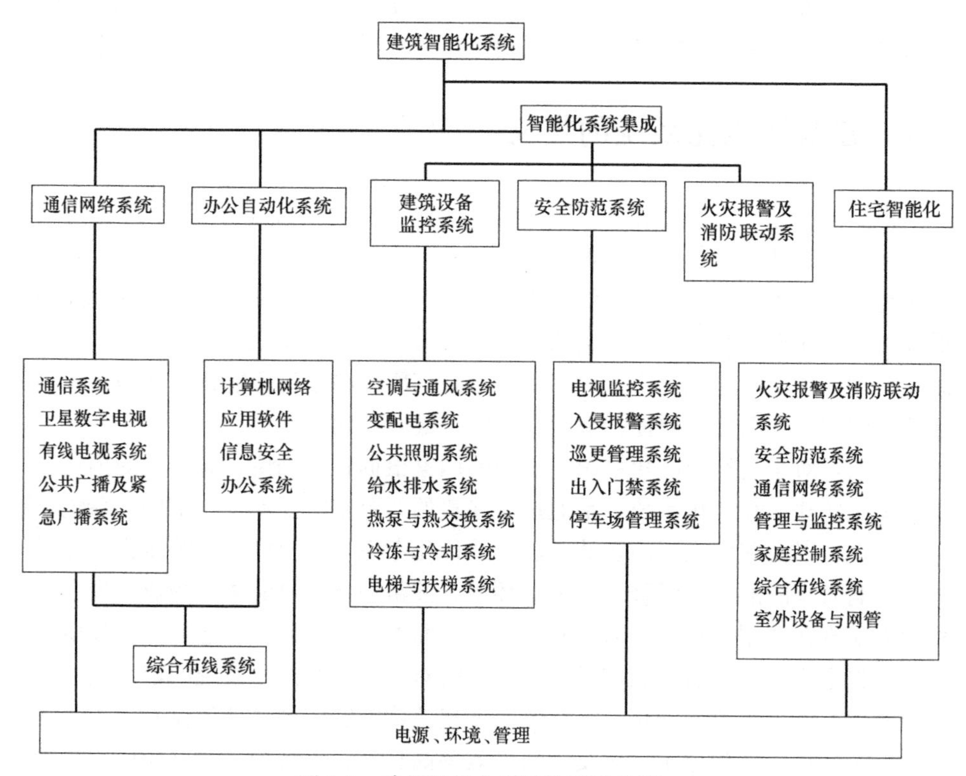

图1-1 建筑智能化系统体系结构图

1. 建筑设备自动化系统BAS（Building Automation System）

建筑的智能化往往总是从建筑设备自动化系统BAS开始。BAS是以分层分布式控制结构来完成集中操作管理和分散控制的综合监控系统。它通过中央计算机系统的网络将分布在各监控现场的设备、设施（如电力、空调、照明、电梯、消防、报警）的子系统连接起来，各子系统之间也可有信息相互联动。BAS运行的目标是对建筑物内所有建筑设备进行全面有效的监控和管理，以保证建筑物内所有设备处于高效、节能和最佳运行状态。

国内有些学者从管理体制和安全性等方面考虑，把火灾报警系统FAS（Fire Alarm System，也有人译为Fire Automation System）和安全防范系统SAS（Security Automation System，也有人译为Security & Protection System）从建筑设备自动化系统划分出来，称所谓的“5A”型智能建筑。

FAS自动监测区域内火灾发生时的热、光和烟雾，从而发出声光报警信号，并联动其他相关设备，控制自动灭火系统、紧急广播、事故照明、电梯、消防给水和排烟系统等，实现监测、报警、灭火的自动化。智能建筑中，电气设备的种类和用量较多，建筑内陈设和装修材料大多是易燃的，无疑增加了火灾发生的概率。智能建筑大多是高层建筑，一旦起火，火势猛、蔓延快，人员疏散和救灾困难，因此，智能建筑的火灾自动报警系统和消防联动系统是十分重要的，它的设置与设计应严格按照现行国家标准《建筑设计防火规范》GB 50016、《火灾自动报警系统设计规范》GB 50116等有关规定执行。

SAS通常是由闭路电视监控系统、门禁系统、防盗报警系统、停车库（场）管理系统和保安人员巡更管理系统等构成。无论是金融大厦、证券交易中心、博物馆及展览馆，还是办公大楼、高级商场、高级公寓以及住宅小区，对保安系统均有相应的要求。SAS要求24h连续工作，监视建筑物的重要区域与公共场所，一旦发现危险情况或事故灾害的预兆，立即报警并采取对策，以确保建筑物内人员与财物的安全。

2. 通信网络系统CNS（Communication Network System）

通信网络系统CNS分散于建筑物的各个“角落”，是建筑智能化的“中枢神经”。它可以保证建筑物内的语音、数据、图像的传输，同时与外界公共通信网络（如公用电话网、综合业务数字网、计算机互联网、数据通信网、卫星通信网及广电网）相联，确保信息畅通，为建筑物内外提供有效的信息服务。CNS是通过程控交换机PBX（Private Branch Exchange）来转接声音、数据和图象的，它借助公共通信网与建筑物内部布线系统PDS（Premises Distribution System）的接口来进行多媒体通信。近年来，异步传输模式ATM（Asynchronous Transfer Mode）和高速以太网兴起，它们能够以大于630Mbit/s的高速率传输信息。为消除公共无线通信的盲区，楼内设置无线通信微蜂窝系统。随着国家通信基础设施装备水平的提高，特别是光纤性能价格比的提高，光纤进大楼FTTB（Fiber to The Building）、光纤进小区FTTZ（Fiber to The Zone）、光纤进家庭FTTH（Fiber to The Home）、光纤进桌面FTTD（Fiber to The Desk）得以实现，为各种宽带接入的驻地网以及拓展通信新业务提供了发展基础。

3. 办公自动化系统 OAS（Office Automation System）

办公自动化系统 OAS 是应用计算机技术、通信技术、多媒体技术和行为科学等先进技术，使人们的部分办公业务借助于各种办公设备，并由这些办公设备与办公人员构成服务于某种办公目标的人机信息系统。OAS 需要有计算机网络与数据库技术作支撑，利用计算机多媒体技术，提供集文字、声音、图像于一体的图文式办公手段，为各种行政、经营的管理与决策提供统计、规划、预测支持，实现信息库资源共享与高效的业务处理。OAS 已在政府、金融机构、科研单位、企业、新闻单位等的日常工作中起着极其重要的作用。在智能建筑中 OAS 通常由两部分构成：物业管理公司为租户提供的信息服务和物业管理公司内部事务处理的 OAS；大楼使用机构与租用单位的业务专用 OAS。虽然两部分的 OAS 是各自独立建立的，而且要在工程后期才实施，但对于它们的计算机网络系统的结构应在工程前期作出规划，以便设计 PDS。

4. 综合布线系统 GCS（Generic Cabling System）

综合布线系统 GCS 是建筑物或建筑群内部之间的传输网络。它能使建筑物或建筑群内部的语音、数据通信设备、信息交换设备、建筑物物业管理及建筑物自动化管理设备等系统之间彼此相连，也能使建筑物内通信网络设备与外部通信网络相连。它包括建筑物到外部网络或电话局线路上的连接点与工作区的语音或数据终端之间的所有电缆及相关联的布线部件。综合布线系统由不同系列的部件组成，其中包括：传输介质、线路管理硬件、连接器、插座、插头、适配器、传输电子线路、电气保护设备和支持硬件。综合布线系统是针对计算机与通信的配线系统设计的，因此它可以满足各种不同计算机与通信的要求。

5. 建筑物管理系统 BMS（Building Management System）

如前所述，智能建筑的智能化主要取决于 BAS、CNS 和 OAS 三大要素，而建筑物管理系统 BMS 是在这三要素的基础上开发和设置的用于对建筑设备运营和信息组织实现自动化管理的专用计算机系统。它把相对独立的 BAS、OAS、FAS、SAS 等系统采用网络通信的方式联系起来实现信息共享与互相联动，以保证高效的管理和快速的应急响应。

6. 系统集成 SI（Systems Integration）

智能建筑是将建筑内不同功能的智能化子系统在物理上、逻辑上和功能上连接在一起，以实现信息综合、资源共享，它体现了人、资源与环境三者的关系。人是加工过程的操作者与成果的享用者，资源是加工手段与被加工对象，环境是智能化的出发点和归宿目标。由于建筑智能化系统是多学科、多技术的综合渗透运用，所以系统集成实际上体现了总体规划和系统工程的思想。

综上所述，建筑智能化系统的组成可简单归纳为 3A＋GCS＋BMS。它们相互的关系如图 1-2 所示。

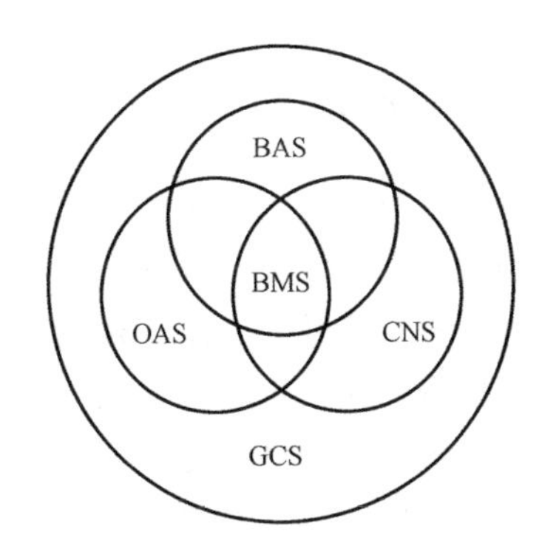

图 1-2　智能建筑各子系统的关系

1.3　建筑智能化系统的特点

1.3.1　建筑智能化行业特征

建筑智能化行业具有明显的周期性、季节性和区域性特征。

1. 周期性

建筑智能化行业受到国民经济变化周期的影响，尤其是受到下游建筑业和房地产业的周期性影响，具有较为显著的周期性特征。

2. 季节性

建筑智能化行业主要通过工程承包形式开展业务，行业内部分企业的经营存在一定的季节性，主要原因有：①其下游客户主要由政府相关部门或企事业单位构成，该类工程项目多在上半年制定计划，下半年开展施工，从而形成其下半年实现收入高于上半年的情形；②建筑智能化项目的实施受天气等自然条件影响较大，呈现一定的季节性特征。

随着工程技术和装备水平的日益提高，建筑行业特别是建筑智能化项目的季节性特征逐步减弱。

3. 区域性

建筑智能化行业的市场需求受人口、城市、经济发展、地理情况等多种因素影响，不同地区的客户规模与需求层次差别较大，具有较为明显的区域性特征：①建筑智能化行业的发展与所处区域的经济水平和城市化水平密切相关，当前我国经济发展呈现地区不平衡的特征，长三角、珠三角和环渤海区三大区域经济发展水平整体上要高于其他地区，因而这些地区的智能化市场需求较大；②下游客户出于对建筑智能化工程质量及后期系统升级维护的考虑，在招标时往往优先选择本地或在当地设有分公司或办事处的企业。

1.3.2 建筑智能化工程建设特征

建筑智能化系统建设是一项复杂的系统工程，它需要“A+4C”以及管理科学、施工管理技术等学科知识的全面支持。同时，建筑智能化系统的建设又是一项建设工程，必须科学地进行投资、效益、工期规划，并按建设总目标实施全过程的质量控制、进度控制、投资控制。但是，作为一项新生的、综合性的系统工程，建筑智能化系统工程在系统规划设计、施工、验收和行业监管方式上都与传统的建筑机电系统有所不同，相应的标准和规范还不完善。建筑智能化系统各子系统间、建筑智能化系统与其他机电系统、建筑智能化系统与土建和装饰都有一系列相关的配合与协调。因此，在系统实施过程中，将对系统规划设计、工程施工与管理的人员在工程技术、管理经验上提出更高的要求。

建筑智能化系统工程跨越诸多专业技术领域，在工程实施中又有许多相关工程的配合协调要求，且在系统设计、设备选型、工程公司选择、施工安装、工程验收等环节上，现行的标准和规范还不太完善，缺乏有效的质量监督和保证体制。现在大多数系统集成公司从属于 IT 行业，而设备安装公司又属于建设行业，因己方利益的驱使和行业的局限性，设计院或系统承包商在规划、设计、施工过程中难免犯重技术、轻效益或重设计、轻实施的毛病。造成一方面系统功能盲目升级，增加业主投资，另一方面因缺乏有效的施工管理和质量控制，往往是一流的规划与投资、二流的施工管理，最终落成三流的系统。施工、调试期间，因设计、施工、集成、设备供应等界面划分不清，造成设计、安装、集成、设备供应各方相互扯皮，业主忙于调解，不堪重负。类似情况严重损害了用户利益，也影响了建筑智能化系统的健康发展和功效体现。因此，利用社会力量对建筑智能化系统工程的规划设计、队伍选择、施工管理、调试验收等全过程实施技术咨询与监理是确保工期、质量，减少投资的一种有效的解决方法，这在一些重大建设项目的建筑智能化系统工程的成功实施中已经被证明了。

在建筑智能化系统建设过程中，涉及众多单位和机构，它们有业主（或建设单位）、设备生产制造单位（设备供应商）、管线与设备安装单位（安装公司）、系统承包商（工程公司或系统集成公司）、建设或设备监理机构，要完成建筑智能化系统工程的监理工作，首先必须明确建筑智能化系统工程监理的职责范围，同时处理好与其他单位和机构的关系。

1. 建筑智能化系统工程监理与业主间关系

建筑智能化系统工程监理机构是受业主委托承接监理任务的。经业主授权，建筑智能化系统工程监理可代表业主对系统的规划设计、工程承包商的选择、设备选型等提供咨询服务，对系统的安装质量、系统性能、建设工期、投资进行监理。所以，建筑智能化系统工程监理与业主间关系是一种被委托与委托关系，建筑智能化系统工程监理活动是一种特殊的咨询和监理服务，该服务贯穿系统的整个建设过程，服务内容在委托合同中体现。

2. 建筑智能化系统工程监理与设备供应商、安装公司、系统承包商间关系

建筑智能化系统工程监理机构之所以能够担任工程监理是经业主授权，业主应向规划设计部门、设备供应商、安装公司、系统承包商及时通报委托与授权事项，明确哪些机构和人员可以代表业主行使工程监理的职责，而建筑智能化系统工程监理机构与这些单位间不签任何合同，监理活动是以业主与这些单位签订的合同为依据，按有关标准和规范执行。建筑智能化系统工程监理机构与这些单位间关系是监理与被监理关系。

3. 建筑智能化系统工程监理与建设监理间关系

在建筑智能化系统工程建设中，既有项目建设监理及其分支机构，又有建筑智能化专业监理机构。它们之间既有区别又有联系。它们的监理的根本目标是一致的，都是以投资、质量、进度为控制目标。从监理的业务看，建设监理机构通常是对一项基本建设工程进行全过程监理，包括土建和机电设备部分的监理。建筑智能化系统工程监理则仅对其中的建筑弱电系统（智能化系统）进行监理，两种监理的内容有所重合，却各有侧重。因建筑智能化技术发展迅速，且越来越专业化，建筑智能化系统工程监理进入施工现场，可以弥补建设监理机构、人员在专业技术、监理方式和管理经验上的不足。从实施监理时间跨度来看，建设监理通常是从土建施工开始，到项目整体验收（包括土建和主要机电设备验收）结束。而建筑智能化系统工程监理的业务通常从系统规划设计、设备安装施工、调试运行和系统验收，延伸到建筑整体竣工以后一段时期。在全过程的监理中，不同阶段采用不同的服务形式，有不同的专业技术人员介入，体现出专业化监理机构特有的优势，这是一般建设监理公司所不及的。总之，建筑智能化系统工程监理是一种专业化的、全过程的工程监理，是在建筑智能化系统工程建设中对建设监理在专业技术和监理制度上的补充和完善。

1.4 我国建筑智能化系统的发展与现状

我国智能建筑始建于20世纪90年代，起步晚，基数较小。在美国和日本，智能建筑占新建建筑的比例已经分别超过70%和60%，相比于发达国家，我国智能建筑占比仍然处于较低的水平，不足40%。“十三五”时期，中国经济发展处于新常态，迫切需要发展新动能。我国建筑智能化的竞争格局按行业发展历程，经过初始阶段（1990—1995年）、普及阶段（1996—2000年）、发展阶段

(2000—2010 年)，目前已进入第四个阶段持续发展阶段。传统建筑工程主要包括土建工程、机电安装工程、装修装饰工程，随着经济发展和人们对于工作与居住环境安全、健康、舒适、便捷、高效的要求提高，同时由于可持续发展下对建筑的节能环保的要求，建筑智能化工程应需求而生。随着社会、经济和信息技术的发展，人们对各类建筑和基础设施的业务支持功能、环境功能和服务功能的迫切需求驱动，形成了以建筑为业务载体的智能化工程市场。建筑智能化工程的发展归根结底离不开建筑业的发展，与建筑业的景气度息息相关，近年来我国建筑业的发展带动了建筑智能化工程行业的进步。而目前我国建筑智能化行业发展到第四阶段后，随着国家对建筑节能标准的要求不断提高，在继续大力发展二三线城市智能化的基础上，开始逐步探索农村、生态园、工业区的建筑节能工作，智能化技术逐渐往物联网化方向发展。建筑智能化与建筑节能的结合更加紧密，节能改造将成为智能化发展的另一个发展方向。目前，建筑智能化行业所处的行业周期如图 1-3 所示。

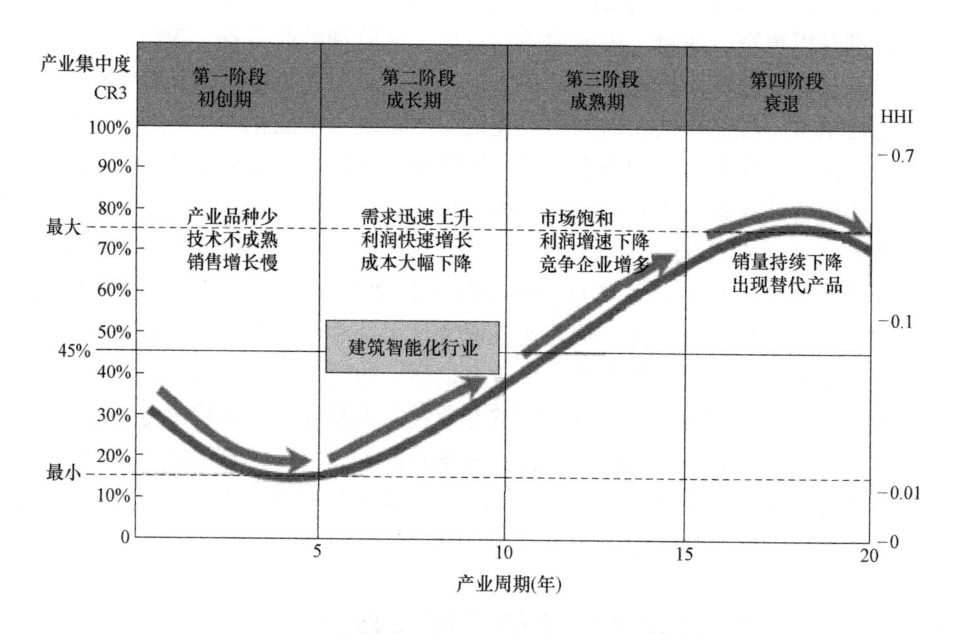

图 1-3　建筑智能化行业目前所处的行业周期

我国发布了《绿色建筑行动方案》《“十三五”建筑节能专项规划》等一系列支持行业发展的政策和措施文件，表明未来几年国家将继续倡导和推广建筑的节能化、生态化、绿色化。以上政策和措施将通过新技术、新系统设备、新材料以及设计和评价标准在实际建筑工程中具体实现。因此，这些政策法规的出台和实施将有力地推动我国智能建筑行业的发展。

未来，国内智能建筑占新建建筑的比例将不断上升，加上已有建筑智能化改造，我国建筑智能化工程市场规模将会持续提升。前瞻产业研究院发布的《2018—2023年中国建筑智能化工程行业市场前瞻与投资规划分析报告》数据显示，2018年中国建筑智能化工程行业市场规模将达到约9000亿元，2019年超过9650亿元，以及至2023年将突破12000亿元。

可见，我国的建筑智能化有着广阔的发展前景，主要体现在以下两个方面。

（1）以智能建筑与绿色建筑作为目标

人们生活水平不断提高，对于居住环境水平要求日益提升。当前来说，一些节能防水设备已经在国内的智能化建筑中得到应用，不断满足人们在此方面的需求，但是节能效果并不是非常理想。因此，对于未来的建筑而言，无论新旧，都应该达到环保以及节能的规范标准。

（2）发展以物联网信息服务为目标的建筑

当前，通信运行主体是中国的住宅建筑终端网络的源头，为我国的建筑行业中不同的业务提供相关的信息服务，业主主要通过视频、数据传输以及语音等来满足信息交流、物业管理以及安全服务等不同层面的需求。如此的运行体系已经得到了认可并得以在实践中广泛应用。网络科学技术水平不断提升，安全以及舒适的环境开始完善，通信协议越来越统一，智能化更为方便，此方面的成本日益减少。因此，追求稳定以及可靠的无线网络技术不断成为智能系统的落脚点。除此之外，通信网络技术在不断地发展，新鲜的技术元素的融入促使着物流网络的出现，在不久的将来，智能化建筑在信息网络构建中可以在无线通信或者全光通信的载体下把物联网与建筑联合为一，最终达到智能建筑管理以及运营的系统化、网络化。

我国建筑智能化工程需求，一方面来自于新建建筑的智能化技术的直接应用，另一方面来自于既有建筑的智能化改造。随着经济进入新常态，国家加强对房地产行业的调控，我国建筑行业除基础设施领域外面临着下滑风险，但是在我国既有建筑改造中，建筑智能化工程有着相当大的发展潜力。随着全国城镇化率的不断提高，既有建筑保有量越来越大，根据相关数据统计，目前我国既有建筑保有量超过700亿m^2，接近半数既有建筑在智能化方面的表现已不符合当前的要求，同时存在安全性差、能效利用率低等问题。目前，我国以宾馆酒店、办公楼、商场、学校和住宅等为主的既有建筑智能化改造已经逐步开始，通过智能化工程改造，建筑布局将更加合理，智能化功能得到加强，同时既有建筑的改造为建筑智能化工程提供了另一个广阔市场。

在“互联网+”“大数据”等国家重大战略的实施带动下，智慧城市作为新型城镇化和信息化的最佳结合，将会有力推动我国城镇建设中的智能化工程的应用扩大，提高新建建筑智能化工程应用率，加快既有建筑智能化工程改造。

1.5 建筑智能化系统与绿色建筑

1.5.1 绿色建筑的概念与评价

一般来说，绿色建筑是指在全寿命周期内，节约资源、保护环境、减少污染，为人们提供健康、适用、高效的使用空间，最大限度地实现人与自然和谐共生的高质量建筑。

绿色建筑的等级可分为基本级、一星级、二星级、三星级 4 个等级。4 个等级的绿色建筑均应满足《绿色建筑评价标准》GB/T 50378—2019 所有控制项的要求。当满足全部控制项要求时，绿色建筑等级应为基本级。当总得分分别达到 60 分、70 分、85 分且满足相应的要求时，绿色建筑等级分别为一星级、二星级、三星级。

绿色建筑评价指标体系由安全耐久、健康舒适、生活便利、资源节约、环境宜居 5 类指标组成，每类指标均包括控制项和评分项。另外，绿色建筑评价还设置了“提高与创新”加分项，“提高与创新”项得分为加分项得分之和，当得分大于 100 分时，只取 100 分。

1. 绿色建筑室内环境要求

绿色建筑的室内布局十分合理，尽量减少使用合成材料，充分利用阳光，节省能源，为居住者创造一种接近自然的感觉。以人、建筑和自然环境的协调发展为目标，在利用天然条件和人工手段创造良好、健康的居住环境的同时，尽可能地控制和减少对自然环境的使用和破坏，充分体现向大自然的索取和回报之间的平衡。

绿色建筑强调室内环境，因为空调界的主流思想是在内外部环境之间争取一个平衡的关系，而对内部环境，即对健康、舒适及建筑用户的生产效率，表现出不同的需求。室内环境问题包括温度问题（Thermal Problem）、日光照明以及声问题（Daylighting and Voice Problem）、空气质量（Air Quality）3 个方面。

（1）温度问题

首先，热舒适明显地影响着工作效率。传统的空调系统能够维持室内温度，但是，近几年的研究表明，室内达到绝对舒适，容易引发“空调病”问题，且消耗大量能源，增加氟里昂对臭氧层的破坏。而绿色建筑要求除保证人体总体热平衡外，应注意身体个别部位如头部和足部对温度的特殊要求，并善于应用自然能源。另外，常采用的极大玻璃面建筑在夏季能发生温室效应，而在冬季发生来自冷玻璃面的低温辐射效应。因此，除了考虑冬夏空调设计条件外，要分析当地气候及建筑内部负荷变化对室内环境舒适性的影响，最好精确到每个月每小时的变化对空调负荷及舒适性的影响。

（2）日光照明以及声问题

同样地，室内光环境直接影响工作效率和室内气氛。绿色建筑中引进无污染、光色好的日光作为光源是绿色光环境的一部分。但舒适健康的光环境同时应包括易于观看、安全美观的亮度分布，眩光控制和照度均匀控制等，因此应根据不同的时间、地点调节强光，从而不影响阳光的高品质。另外，健康舒适的声环境有利于人体身心健康。绿色声环境要求不损伤听力并尽量减少噪声源。这样，设计时通常将产生噪声的设备单独布置在远离使用房间部位，并控制室外噪声级。

（3）空气质量

空气质量的好坏反映了满足人们对环境要求的程度。通常影响空气质量的因素包括空气流动、空气的洁净程度等。如果空气流动不够，人会感到不舒服，流动过快则会影响温度以及洁净度。因此应根据不同的环境调节适当的新风量，控制空气的洁净度、流速，使得空气质量达到较优状态。同时对室内空气污染物的有效控制也是室内环境改善的主要途径之一。影响室内空气品质的污染物有成千上万种。绿色建筑认为不仅要使空气中的污染物浓度达到公认的有害浓度指标以下，并且要使处于室内的绝大多数人对室内空气品质指标表示满意。

2. 绿色建筑室外环境要求

绿色建筑的室外环境一般是指绿色建筑创造的居住环境，既包括人工环境，也包括自然环境。在进行绿色环境规划时，不仅要重视创造景观，同时应重视环境融合生态做到整体绿化。即以整体的观点考虑持续化、自然化。可持续的应用，除了建筑本身外还包括所需的周围自然环境，生活用水的有效（生态）利用，废水处理及还原，所在地的气候条件。在这里，室外环境可归纳为绿色环境的地域问题（Bio-rigionalizm）和自然通风。

（1）绿色环境的地域问题

绿色建筑要考虑如何与所在地的气候特征、经济条件、文化传统观念互相配合，从而成为周围社区不可分离的整体部分。绿色建筑作为一个次级系统依存于一定的地域范围内的自然环境，与绿色房地产都不能脱离生物环境的地域性而独立存在。绿色建筑的实现与每一个地域的独特的气候条件、自然资源、现存人类建筑、社会水平及文化环境有关。

（2）自然通风

自然通风即利用自然能源或者不依靠传统空调设备系统而仍然能维持适宜的室内环境的方式。

自然通风最容易满足建筑绿化的要求，它一般都不用外来不可再生资源，而且常常能减少可观量的全年空调负荷而达到节能以及绿化的目的。但要充分利用自然通风必须考虑建筑朝向、间距和布局。例如南向是冬季太阳辐射量最多而夏季日照减少的方向，并且中国大部分地区夏季主导风向为东南向，所以从改善夏季自然通风房间热环境和减少冬季的房间供暖空调负荷来讲，南向是建筑物最好的选择。另外，建筑高度对自然通风也有很大的影响，一般高层建筑对其自身的室内自然通风有利。而在不同高度的房屋组合时，高低建筑错列布置有利于低层建筑的通风，处于高层建筑风景区内的低矮建筑受到高层背风区回旋涡流的作用，室内通风良好。

自然通风还是环境绿化的重要手段，是引进比室温低的室外空气而给人凉爽感觉的一种节能的简易型空调。绿色环境常用的送风方式是地板送风暖通空调方式。

1.5.2 绿色建筑的认证

1993 年，美国成立了"美国绿色建筑委员会"，简称 USGBC。很快，USGBC 认识到需要一套标准来定义"绿色建筑"。1998 年，这样的一套认证体系出台，就是 LEED1.0 版。经过广泛修改，LEED2.0 版在 2000 年出台，到 2005 年修订的 LEED2.2 版算是一个比较成熟的版本。在这个版本中，"绿色建筑"的标准被分为六大方面，分别是可持续发展的建筑位置、水的使用效率、能源与环境、材料与资源、室内空气质量以及设计上的创新。

"绿色建筑"的认证是一种自愿行为。如果一座建筑的修建者希望获得 LEED 认证，就可向"绿色建筑认证机构"登记申请。该机构跟建筑设计和修建方协作，对以上 6 个方面的 7 项基本要求和 69 个小项分别进行评估。其中 7 项基本要求是必须满足的，在此基础上才可以进行 LEED 认证。69 个小项再分别进行打分，最终可按得分来分级，例如获 33 分到 38 分为"LEED 银级"，获 39 分到 51 分为"LEED 黄金级"，而 52 分以上则为"LEED 白金级"。

LEED 认证中的每一个小项，都伴随着一定的建筑成本，有的实现成本高，有的实现成本低。例如，在"可持续发展的建筑位置"大项中，避免修建过程中的污染是一项基本要求，必须达标后才能进行其他认证。在"能源与环境"大项中，使用的可再生能源越多，得到的分数就越高。例如，如果一座建筑采用太阳能来满足整座楼 2.5%的能源需求，就会得到 1 分。提高这个比例，还可以得到更多的分数。如果采用了某些优化设计，使得它的能源消耗比标准消耗要低，也可以得到相应的分数。要达到黄金或者白金级的 LEED 标准，建筑成本自然会很高。

2018 年，USGBC 推出了 LEED 新版本，使用范围更广，评分更加细化。不过基本理念还是一样，在建筑的整个寿命周期之内，减少能源的消耗和对地球环境的影响。凯晨世贸中心是中国大陆地区第一个 LEED-EB 白金级认证写字楼，获得亚洲最高分。

1.5.3 绿色建筑的设计理念

我国早在2006年3月就颁布了《绿色建筑评价标准》GB/T 50378—2006，这是我国批准发布的第一部有关绿色建筑的国家标准，并于2012年12月27日发布了《关于加强绿色建筑评价标识管理和备案工作的通知》，这是我国推广新型建筑材料的一般性法律法规、政策。绿色建筑设计理念包括以下几个方面。

（1）节约能源

充分利用太阳能，采用节能的建筑围护结构以及供暖和空调系统，减少供暖和空调设备的使用。根据自然通风的原理设置风冷系统，使建筑能够有效地利用夏季的主导风向。建筑采用适应当地气候条件的平面形式及总体布局。

（2）节约资源

在建筑设计、建造和建筑材料的选择中，均考虑资源的合理使用和处置。要减少资源的使用，力求使资源可再生利用。节约水资源，包括绿化的节约用水。

（3）回归自然

绿色建筑外部要强调与周边环境相融合，和谐一致、动静互补，做到保护自然生态环境。营造舒适和健康的生活环境，建筑内部不使用对人体有害的建筑材料和装修材料。室内空气清新，温度、湿度适当，使居住者感觉良好，身心健康。

绿色建筑的建造特点包括：对建筑的地理条件有明确的要求，土壤中不存在有毒、有害物质，地温适宜，地下水纯净，地磁适中。

绿色建筑应尽量采用天然材料。建筑中采用的木材、树皮、竹材、石块、石灰、油漆等，要经过检验处理，确保对人体无害。

绿色建筑还要根据地理条件，设置太阳能供暖、热水、发电及风力发电装置，以充分利用环境提供的天然可再生能源。

随着全球气候的变暖，世界各国对建筑节能的关注程度正日益增加。人们越来越认识到，建筑使用能源所产生的CO_2是造成气候变暖的主要原因。节能建筑成为建筑发展的必然趋势，绿色建筑也应运而生。

截至2019年底，全国累计建设绿色建筑面积超过50亿m^2，2019年当年占城镇新建建筑比例达到65%。全国获得绿色建筑标识的项目累计达到2万个，建筑面积超过22亿m^2。

1.5.4 智能化技术在绿色建筑中的作用

在建设绿色建筑的整个过程中，生产建筑材料、实施建筑工程、运行建筑过程，直到全部的生产结束，整个过程消耗了40%的地球能源、45%的水能资源、产生了40%的热岛效应、50%的水污染、30%大气污染、30%固体的垃圾以及

60%的氯、氟等气体。绿色建筑的目的在于改善当前建筑的模式，降低投入、减少消耗、限制污染、提升效率，在建设绿色建筑时，尽最大的能力节省各种资源，对环境进行保护，对污染进行限制和缩减，为人们创造一个健康的、适合居住的、空间高效率利用的生活环境，促进人和周边环境以及所居住的建筑物三者相辅相成，持续地、和谐地发展，共同生存。

智能化建筑结合了建筑的技术手段与信息科技，通过建筑物这一平台，集合了信息系统、信息的应用、管理建筑设施体系、社会与公共的安全体系等方面，统一了建筑结构的构建、系统的完善、服务质量的提升、管理范围的扩大等方面，并将这些方面进行优化配置，创造一个安全性高、效率高、方便快捷、能源资源节约、环境保护良好、适宜人们身体健康的良性的建筑环境。智能建筑以建筑作为平台，在环境保护和能源节约的推动下，积极地推动建筑平台的发展转向绿色环保、维护生态平衡，在这些领域中不断地拓展智能化建筑的内涵和技术手段。

当前，建筑业发展的必然趋势是绿色理念和智能手段。因此，智能化建筑的规划与设计必须以绿色观念及相关的方式为根基，而在绿色建筑中也要采用智能化的技术进行监督和管控。对绿色建筑而言，其建筑的重要技术就是智能技术。相关的准则对此作出了要求，智能化技术成为绿色建筑性能提升的有力支撑，如图 1-4 所示。

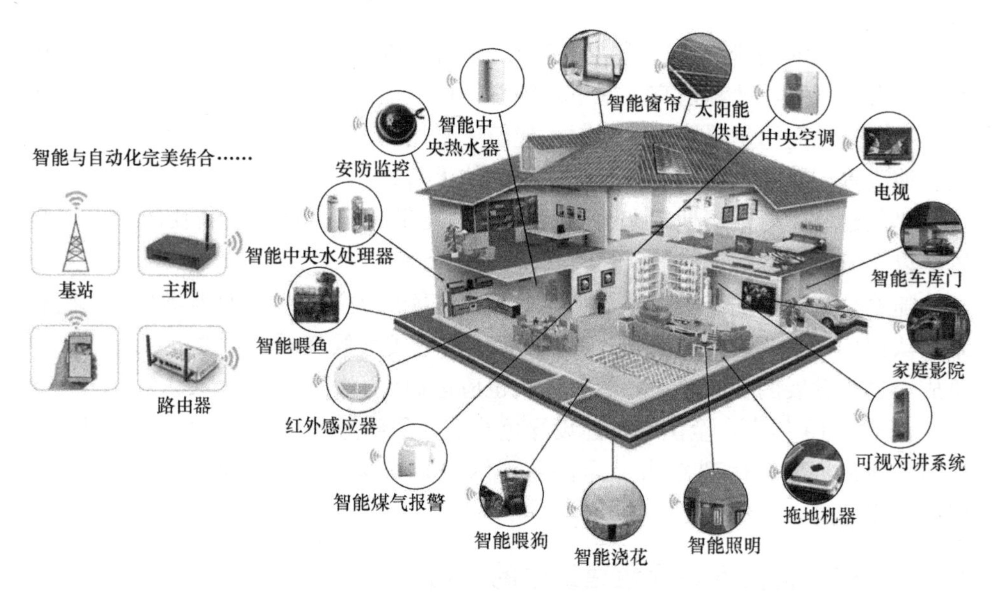

图 1-4　智能化技术在绿色建筑中的使用

建筑地点和周边的环境、对能源的节约和利用、对水资源的节约和利用、对建筑材料和建筑资源的节约和利用、对室内环境的质量评析、管理绿色建筑的运营，这六个指标组成了绿色建筑的指标体系。这六个指标将绿色建筑最基本的要素都涵盖在内，对绿色建筑相关的性能进行了准确的反映。基于绿色建筑的这些指标进行分析可知，智能化建筑技术能够极大地促进落实绿色建筑的指标。

绿色建筑的着重点在于建筑从施工到应用的整体过程，在充分地考虑周边环境因素并加以利用的情况下，进行建筑的规划和设计，并保障施工的过程最小限度地影响周围的环境，在投入运营的过程中进行管理，以保证人们能够生活在一个不存在危害、健康、惬意、舒适、能源消耗低的空间中。同时，在建筑的服役期结束时，最大限度地降低拆迁过程对环境的危害，并尽可能地对拆除的废料进行再利用。因此，绿色建筑技术的要点中，规划和设计的技术、建筑与施工的技术、运营和管理的技术都非常重要，与之并行的还有智能化技术。

1. 规划与设计技术和智能化技术

规划与设计技术涵盖了建筑地点选择，减弱环境的负荷，周边环境的绿化与交通建设；减少能源消耗，提高能源的利用率，对可再生资源进行利用；规划使用和节约水资源以及提高用水的效率，综合治理利用污水，防止污染水源；节约建筑材料，应用环保建筑材料；优化建筑地点内部光热环境、声音环境以及空气的质量。

针对周边环境运用智能技术，构建绿化带中的灌溉体系，实时监测土壤含水量决定灌溉水量的多少。同时，实现自动化设备的运转，对雨污水进行监测和循环利用，节约用水。

针对节约能源，采用智能化的测量和设施的配置，检查各项指标，合理排布室内布置。保证光热和热水能够满足住户需求。

2. 建筑和施工技术的智能化应用

建筑和施工的技术，要对场地环境负荷进行降低，保护周边的水文环境；降低能源的消耗，提高能源利用效率；提高水资源的利用率；节约建筑材料，使用环保建筑材料。建筑技术的智能化，要贯穿于建筑和施工的每个细节，充分对能源进行节约和利用。建立信息管理数据库，对施工过程中的各个细节进行备份，收集资料和信息，形成科学化、规范化的施工流程，提高施工管理的科学性和水平。

3. 智能化技术的重点

相关的指导准则指出，绿色建筑中智能技术的应用包括技术和系统两方面。

智能技术包含诸多方面，生产的系统和产品以智能技术作为支撑手段，提升绿色建筑的性能。产品中有节约能源和节约用水的系统，对可再生能源智能化的运用，室内外环境的综合性控制。综合性地进行智能化采光、协调控制地热能源、外部遮阳控制、自动化统计和管理能耗和水资源的消耗、自动化空调、雨水的综合利用等都源自支撑性的智能技术。因此，绿色建筑的理念推行不仅仅对智能化的产品系统进行应用，更要对其产品因地制宜地进行发展，综合地结合自身特点对智能技术进行运用。

在智能化的功能方面，智能化的绿色建筑系统必须满足用户的各种居住需求。先进的通信、信息、监控、预警等系统必须齐全，并且实用可靠。因此，在绿色建筑中，构建智能化的系统能够使建筑更安全、功能更齐全、舒适程度更高、各类设备和住房的应用效率更高。

智能化建筑发展的大方向和最终目的是通过智能化的手段实现绿色环保的目的，最大程度上对能源进行节约，对资源的消耗量与浪费概率进行降低，对污染进行控制和减少，这是发展绿色建筑必须经历的过程。因此，建筑的智能化不断向监督和管控绿色的生态设施、新型能源领域大力扩展，不断推动智能化建筑体系的构建与完善，推动绿色建筑新型的监控和管理体系的建立与发展，提升对能源消耗的各方面的技术测量以及能源消耗的分析能力，加大能源管理的力度。

综上所述，更加智能、绿色健康的现代化建筑越来越成为人们的追求，因此在建筑当中应用智能化的技术以及绿色建筑的设计理念成为现代建筑发展的主要趋势。通过现代化信息技术的应用以及环保节能技术的应用能够有效提升建筑内住户的居住体验，也符合当今可持续发展以及科学发展观的发展理念，在当今是非常值得应用和推广的。

第2章　Petri网基本概念

Petri 网是对离散并行系统的数学表示，它源于 1962 年德国学者 Carl Adam Petri 在其博士论文《自动机通信》中提出的描述事件和条件关系的网络。Petri 网是一种适合于并发、异步、分布式软件系统规格与分析的形式化方法。Petri 网既有严格的数学表述方式，也有直观的图形表达方式，既有丰富的系统描述手段和系统行为分析技术，又为计算机科学提供坚实的概念基础。

本章将重点说明 Petri 网的定义、组成和特点等相关知识，旨在为说明 Petri 网在建筑智能化系统中的应用提供理论基础。

2.1　Petri 网的研究与发展

Petri 网于 1962 年被提出后，很快引起了欧美学术领域与工业界的关注。在 20 世纪 70 年代，美国麻省理工学院（Massachusetts Institute of Technology，MIT）的计算结构研究小组就积极参与了 Petri 网的相关研究，并于 1975 年 7 月举办了首次 Petri 网学术研讨会，1981 年 Peterson 出版了第一本关于 Petri 网的介绍书籍，1985 年出版了 Petri 网研究方面的专著。目前，MIT 已经出版了多本与各种基础网和高级网相关的 Petri 网专著。

作为研究系统的一种工具，Petri 网理论用一个 Petri 网作为系统的模型，即系统的数学表示。从 Petri 网的观点来看待一个系统，集中地表现为两个本原的概念，即事件和条件。事件是系统中发生的动作，条件即系统的状态。系统中动作的发生由系统的状态来决定，协调的状态演变是由系统的事件来驱动，而这些状态可以用一组条件来描述。条件满足动作即可发生，动作发生后到达下一状态，它可以揭示出被模拟的系统的结构和动态行为方面的重要信息。这些信息可以用来对被模拟的系统进行估价并提出改进系统的建议。

20 世纪 60 年代 Petri 网的研究以孤立的网系统为对象，以分析技术和应用方法为目标。通过对网论的不断研究，20 世纪 70 年代开始研究的主要内容为网系统的分类及各网类之间的关系，包括并发论、同步论、网逻辑和网拓扑。20世纪80年代Petri网的研究在世界有了较大的发展，近年来国内的主要研究集中在Petri网的语义、公平性、活性、网运算、网化简、PN机理论等。

如今，计算机技术的发展日新月异，计算机计算能力的发展促进了模拟技术的应用和发展，用一个数学模型，例如Petri网来表示一个系统，然后通过一定的算法让计算机对模型进行分析，就可以得到有关系统的性质。由于计算机计算具有高速性和准确性，这就使得对规模庞大、结构复杂、人工难以胜任的系统的模拟成为可能。随着科学技术的发展，现在已经出现了许多大规模的信息处理系统，如并行程序、分布式操作系统、大规模的通信网络系统等。由于Petri网可以精确描述系统事件之间的顺序并发关系，所以它是分析并发系统的强有力的工具。

目前，Petri网的研究工作沿着两个方向发展：一是纯Petri网理论；二是应用Petri网理论。纯Petri网理论是为发展应用Petri网理论所需要的基本概念、技术和手段所作的研究。近年来Petri网理论的研究取得了不少成果，如Petri网的结构性质、Petri网语言、随机网、有色Petri网、谓词变迁系统等。由国内吴哲辉教授和美国的T. Murata教授共同提出的Petri网的公平性得到了十分完整的结果，为了解网系统中两个变迁（变迁组）的发生的关系提供了理论依据。蒋昌俊教授建立了PN机理论构架，在交叠语义和偏序语义下获得反映真并发行为的文法及其PN机结构，揭示它们的计算能力及相互关系。

应用Petri网理论主要用于用Petri网模拟、分析和洞察系统的研究。这方面不仅要求对Petri网及其模拟技术有深厚的知识，而且必须对应用领域相当熟悉。结合当今技术的发展，该理论越来越多地应用到通信系统、分布式系统、并行计算机系统及自然科学、社会科学的很多方面。应用Petri网理论的一个重要方面就是并发系统Petri网分析工具的构造。Petri网被应用于分析和设计系统时，如果系统规模较大则其对应模型必将十分复杂，人工分析显然是低效且不十分可靠的。因此，分析中若能有效地使用计算机则可十分迅速可靠地得到Petri网的性质。

今后，Petri网将往纵向和横向两个方向发展。一方面，其具有某些特性，完善的数学体系支撑、可视化的图形建模工具使得Petri网可应用于不同的领域，Petri网可以完美地融入计算机科学领域的建模、生产制造业的建模仿真等，并对推进相关领域的发展起到重要的作用。另一方面，与不同领域的融合，使得不同的使用条件加入，Petri网需要适应不同的应用场景，必须作出相应的改变，有色Petri网、谓词Petri网、模糊Petri网、时间Petri网、随机Petri网等高级Petri网技术正是为适应不同应用场景而诞生的，更多的高级Petri网技术将会随着应用的需要而被创造出来。

2.2 Petri 网的组成特点

在 Petri 网中，任何系统都可以抽象为状态、活动（或者事件）及其之间关系的三元结构。在 Petri 网中，状态用库所（Place）表示，活动用变迁（Transition）表示。变迁的作用是改变状态，库所的作用是决定变迁能否发生，变迁和库所之间的这种依赖关系用流关系来表示。

2.2.1 Petri 网的结构

Petri 网结构是一个三元组 $PN=(P, T, F)$。其中：

(1) $P=\{p_1, p_2, \cdots, p_n\}$ 为有限库所集合（Place）；

(2) $T=\{t_1, t_2, \cdots, t_n\}$ 为有限变迁集合（Transition），($P \cup T \neq \varnothing$，$P \cap T=\varnothing$)；

(3) $F=(P \times T) \cup (T \times P)$ 为输入函数和输出函数集，称为流关系。

三元组 $N=(P, T, F)$ 是构成 Petri 网的充分必要条件，$P \cap T=\varnothing$ 规定了库所和变迁是两类不同的元素；$P \cup T \neq \varnothing$ 表示网中至少有一个元素；$F=(P \times T) \cup (T \times P)$ 建立了从库所到变迁、从变迁到库所的单方向联系，并且规定同类元素之间不能直接联系。一个简单的 Petri 网如图 2-1 所示。

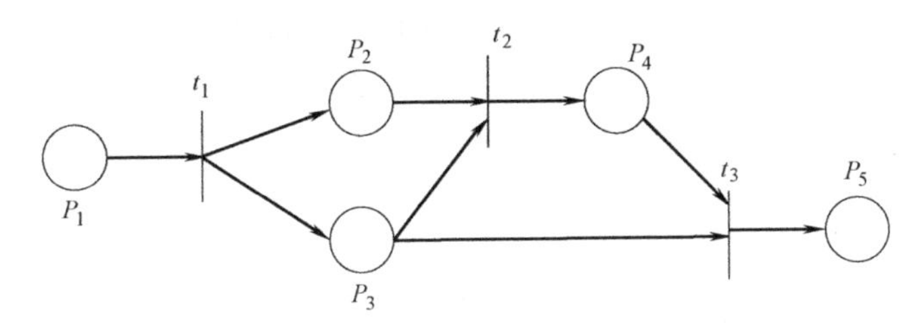

图 2-1 简单的 Petri 网示意图

Petri 网描述系统的最基本概念是库所和变迁，库所集和变迁集是 Petri 网的基本成分，流关系是由它们构造出来的。在 Petri 网的图形表示中，用圆圈表示库所，用黑短线或者方框表示变迁，用有向弧表示流关系。库所一般表示系统的状态。变迁一般表示资源的消耗、使用及使系统状态产生的变化。变迁的发生受到系统状态的控制，即变迁发生的前置条件必须满足。变迁发生后，某些前置条件不再满足，而某些后置条件则得到满足。例如图 2-1 的 Petri 网结构，可以记为：

$$P=\{p_1, p_2, p_3, p_4, p_5\}$$
$$T=\{t_1, t_2, t_3, t_4, t_5\}$$

$$F=\{(p_1,t_1),(t_1,p_2),(t_1,p_3),(p_2,t_3),(p_3,t_2),(t_2,p_4),(p_3,t_3),(p_4,t_3),(t_3,p_5)\}$$

2.2.2 Petri 网的行为特点

与其他建模方法相比，Petri 网的优点不仅表现在建模能力上，更主要表现在它所具有的分析能力上。Petri 网具有一些专门的分析手段，对系统活性（Liveness）及死锁（Deadlock）进行分析，分析系统中的顺序、并发及冲突等复杂事件关系。可以采用可达树（Reachability Tree）理论分析系统的有界性（Boundness）与安全性（Safety）等。

1. 可达性

按照变迁引发规则，使能变迁发生的引发将改变令牌的分布，从而产生新的标识。对于初始标识 M_0，如果存在一系统变迁 t_1，t_2，…，t_n 的引发，使得转换 M_0 为 M_n，则称 M_n 是从 M_0 可达的，记为 M_0 $[\sigma>M_n$，其中 $\sigma=t_1$，t_2，…，t_n，称为变迁的引发序列。对于 Petri 网 $PN=(N, M_0)$，所有可达的标识组成一个可达标识集，记为 $R(N, M_0)$ 或 $R(M_0)$；从 M_0 出发的所有可能引发序列组成引发序列集，记为 $L(N, M_0)$ 或 $L(M_0)$。

2. 有界性

有界性是一个非常重要的特性，它保证系统在运行过程中不会需要无限的资源。有界性反映一个库所在系统运行过程中能够获得的最大的令牌数，即所能获得的最大资源数，它与系统的初始令牌有关。在实际系统设计中，必须使网络中的每个库所在任何状态下的令牌数小于库所的容量，这样才能保证系统的正常运行。例如图 2-2 所示，(a) 有界，(b) 无界，因为 P_5 的令牌可以无限增多。

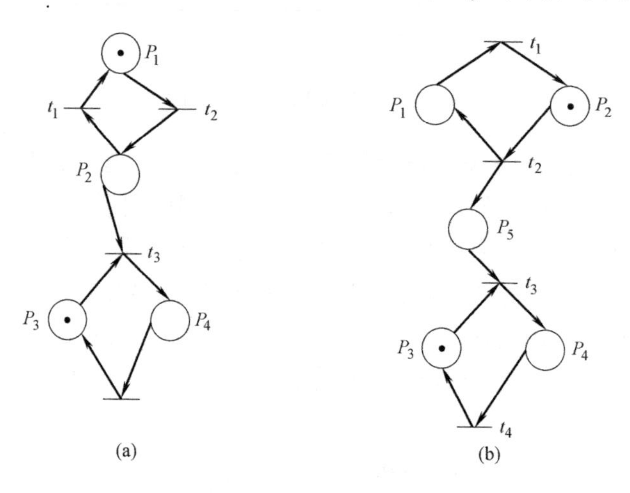

图 2-2 Petri 网的有界性

3. 安全性

安全性决定系统中正在执行的操作不会发出请求。若 Petri 网为有界，则称此 Petri 网是安全的。这种网的每一个库所要么有一个令牌，要么没有令牌。安全性是有界性的一种特殊情况。

4. 活性

活性是与系统中无死锁相关的一个性质。在$PN=(N, M_0)$中，若存在$M \in R(M_0)$使得变迁 t 使能，则 t 是潜在可引发的。如果对任何$M \in R(M_0)$变迁 t 都是潜在可引发的，即从 M_0 可达的任一标识出发，都可以通过执行某一变迁序列而最终引发 t，则称 t 在标识 M_0 下是活的。如果所有变迁都是活的，则称$PN=(N, M_0)$是活的，或者称 M_0 是$PN=(N, M_0)$的活标识。显然，活的 Petri 网中是无死锁的。

5. 可逆性

在$PN=(N, M_0)$中，如果$\forall M \in R(M_0)$，$M_0 \in R(M)$，则称该 Petri 网是可逆的。对于可逆的 Petri 网，存在引发序列 $\sigma = t_1, t_2, \cdots, t_n$，从$\forall M \in R(M_0)$返回到 M_0。在一些应用中只要求系统回到某个特定状态而无须回到初始状态，称这个特定状态为主状态，即对于$M \in R(M_0)$的每个标识 M，主状态 M' 都是可达的。例如图 2-3 所示的 Petri 网就是可逆的。

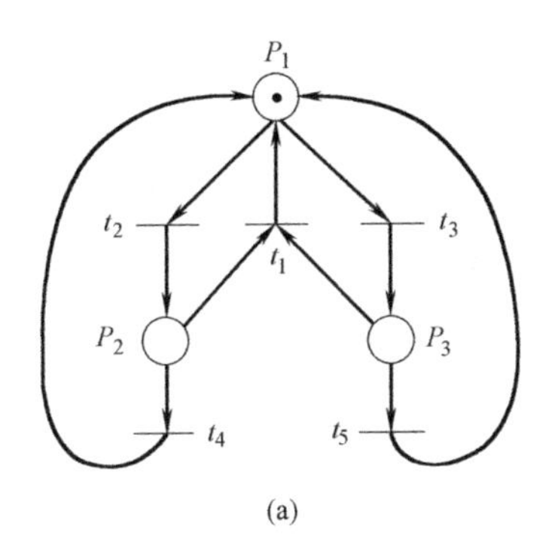

(a)

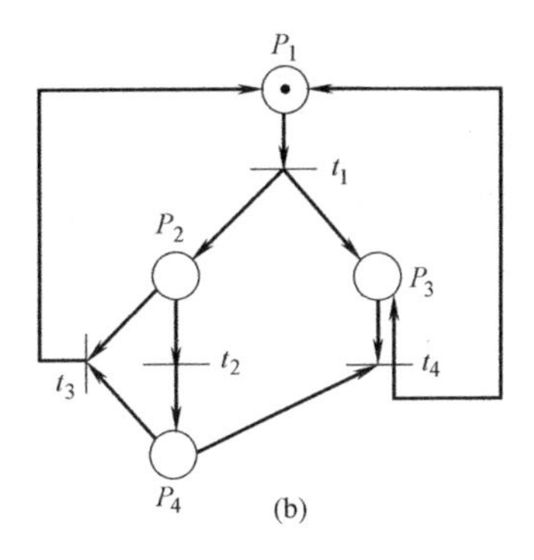

(b)

图 2-3　Petri 网的可逆性

6. 公平性

公平性分为有界公平性和无条件（全局）公平性。

1）有界公平性

对于两个转移，若不发生其中一个转移，另一个转移可以发生的最大次数是有界的，则称两个转移为有界—公平（或 β—公平）关系。若 Petri 网中每对转移都是 β—公平关系，则该网为 β—公平网。

2）无条件（全局）公平性

对于一个发生序列，若它是有限的或网中每个转移在其中无限次出现，则称为无条件（全局）公平。若在 $R(M_0)$ 中某个 M 开始的每个发生序列都是无条公平的，则称 Petri 网为无条件公平网。

2.3 Petri 网在系统性能分析中的应用

Petri 网是一种适合于并发、异步、分布式软件系统规格与分析的形式化方法，在建筑智能化、工业制造、项目管理等很多领域有着广泛的应用。

1. Petri 网在建筑智能化系统中的应用

一般来说，在建筑智能化系统中，Petri 网的典型应用包括以下几个方面。

1）系统可靠性分析

系统的可靠性不仅包括硬件的可靠性，也包括软件可靠性。利用随机 Petri 网对系统进行可靠性分析，对软件复用、软件可靠性进行分析。

2）网络性能评价

随着计算机网络技术和信息技术的发展，建筑智能化系统中使用到了多种通信网络。网络性能是建筑智能化系统必须关注的因素。利用 Petri 网可以对这些通信网络的性能进行定量分析和评价，这种分析和评价不仅适用于企业内部的生产控制的局域总线网，而且也适用于光纤网络。

3）建筑智能化系统中通信协议的验证

在建筑智能化系统中存在多种通信协议，而通信协议的可靠性和安全性是保证系统性能的关键因素。利用 Petri 网对系统中通信协议进行验证是非常必要的，而该方法应用最为成功的领域之一是在 20 世纪 70 年代初期用于对通信协议的验证。由于 Petri 网以形式语言作为基础，可穷尽式地对通信协议进行正确性验证。

4）知识处理

Petri 网可用于 Al 中的知识表达和推理的形式化模型的建立，可以表达各个活动之间的各种关系，如顺序关系、“与”关系、“或”关系等，并可在模型基础上通过已知的初始状态和初始条件进行逻辑推理。

5）建筑智能化系统的软件开发

由于产品开发中的竞争和革新需要，产品开发者面临巨大压力。在软件工程中 Petri 网主要用于软件系统的建模和分析，比较成熟的是加色 Petri 网，可以用于大型软件系统的设计、说明、仿真、确认和实现，在软件开发生命周期的各个阶段，Petri 网都可以得到很好的应用。

2. Petri 网在工业制造中的应用

通常情况下，加工、物流、信息流三个子系统组成了一个完整的柔性制造系统（Flexible Manufacture System，FMS），可实现物料流和信息流的自动化。FMS 系统可以高效、高质量地通过多种路径以中小批量加工多种产品。FMS 系统需要保证装置设备、物料协调工作，快速响应系统内外部变化，对系统进行及时有效的调整。基础数据、控制数据、状态数据组成了 FMS 系统的数据体系。

Petri 网技术可用于研究离散事件动态系统。FMS 系统关注事件的发生与结束，整个系统的活动由事件支持，是典型的离散事件驱动系统。Petri 网促进了 FMS 制造业建模和仿真的研究发展。

基于 Petri 网的 FMS 建模和分析方法首先由 Narahari 和 Viswanadham 提出。Beck 和 Krogh 则通过对 Petri 网进行修正，实现了由两个机器人组成的装配系统的仿真建模，并基于 Petri 网对系统作了仿真模拟，获得了显著的效果。在大型复杂系统的建模方面，需要解决复杂性和模型体积等难题，Borusan 基于有色 Petri 网，提出 FMS 递进结构的建模方法，为 FMS 制造系统建模创造了另外一种可能。由于具有出色的图形表述能力和严密的数学定义，Petri 网可以通过数学分析和图形形象地描述制造业系统的运行过程。Petri 网技术在 FMS 制造系统建模领域有着广阔的应用前景。

3. Petri 网在项目管理中的应用

目前，我国的工程项目管理在管理层次、技术方法、平台建设上相对滞后。工程项目群的管理缺乏层次清晰的整体性控制方案，项目群管理计划、控制技术方法趋于粗放，信息沟通不畅。通过对工程项目群实施过程中的工作流程的抽象，并将其定义为计算机可识别的形式表示，进而可以选择合适的建模工具实现建模要求，克服传统建模方式的局限。工程项目构成典型的离散事件动态系统，施工条件复杂，内外部干扰因素多，任务间关系错综复杂，开始时间、执行时间随机变化，具有随机排队等待、事件驱动等特性。

Petri 网很好地满足了以上所有要求。Wakefield 通过 Petri 网对两个工程项目进行了建模仿真，打开了 Petri 网在工程项目管理领域仿真的大门；Sawhney 在 Wakefield 的基础上论证了 Petri 网对施工计划的动态仿真能力，并阐述了建模的步骤；更多的学者通过引入时间、随机性对工程项目群建模的 Petri 网进行完善，形成了更加切合现实的建模工具。

4. Petri 网在其他领域中的应用

起源于计算机科学系统研究的 Petri 网建模技术，首先在计算机科学领域得到广泛应用，包括分布式系统、资源配置、实时系统等，衍生到计算机以外的其他领域，例如 UML 建模形式化、软件工程、网络等。国内外学者先后研究了 Petri 网应用于公交系统、制造业系统、工程项目建设、电力系统等，都取得了很好的效果，对促进相关领域的理论发展和实际建设起到了很大的作用。

2.3.1 Petri 网的系统性能分析方法

1. Petri 网的系统性能分析方法概述

Petri 网在系统性能分析中占有重要位置，在对系统性能进行分析的过程中，需要依靠 Petri 网的两大类性能，即动态性质和结构性质。动态性质依赖于 Petri 网的初始状态，而结构性质与 Petri 网的初始状态无关，仅仅取决于其拓扑或者结构。由于 Petri 网的性质主要有可达性、有界性、安全性、可覆盖性、可逆性等，所以在系统的可靠性分析方面主要可利用 Petri 网的动态性质来进行系统的动态性能分析，利用 Petri 网的可达性能够确定在给定的状态之下，系统是否能够达到预期的运行状态；而利用 Petri 网的活性分析能够确定系统当中是否存在死锁的问题，从可靠性的角度出发，死锁也属于一种故障。其研究的基本方法在相关的理论研究和案例分析中主要可以分为 5 大类：系统的基本行为描述方法、系统的故障树的表示与简化方法、系统的故障诊断研究方法、系统可靠性指标的解析计算方法和系统可靠性仿真分析方法。

（1）系统的基本行为描述方法。

根据建立的系统 Petri 网模型，对系统模型的可达性、可逆性、活性等动态性质进行分析，从这些性质分析中总结得出系统具备的行为特点，为系统性能的分析和研究做好铺垫工作。

（2）系统的故障树的表示与简化方法。

故障树分析模型是一种经典的可靠性分析方法，能够将故障树看作系统中的故障传播的逻辑关系，将故障树转换成 Petri 网模型，通过可逆网的可达性或者通过关联矩阵的计算，得到最小的割集。

（3）系统的故障诊断研究方法。

基本网系统是 Petri 网系统的一个特例，在基本网系统当中，一个库所最多含有一个标识，利用库所的这种标识特性，通过可达标识来判断相应的故障是否发生。

（4）系统可靠性指标的解析计算方法。

可靠性指标是系统性能指标的一个重要组成部分，通过数学分析方法对可靠性模型进行分析，可以给出某些参量的计算方法。由于数学分析方法不具备反映中间过程的能力，而基于 Petri 网模型的可靠性指标计算方法，在和数学方法满足相同的约束条件时，可以清晰地描述系统状态之间的动态转移过程，这种特点以随机 Petri 网（SPN）最为明显。

（5）系统可靠性仿真分析方法

随着计算机工程的应用技术的发展，可靠性的分析与研究不仅仅局限在可靠性指标的计算、故障诊断等方面，更体现在复杂系统的性能仿真分析的研究中。

仿真分析是计算机研究和可视化分析的重要途径，因此可以利用已有的仿真分析工具对可靠性进行建模、分析和模拟，为可靠性研究在工业应用中拓展应用广度。

可靠性定义如下。

一个 Petri 网模型 $PN=(P, T, F)$ 是结构正确的，当且仅当：

(1) 对于每个从状态 i 可达的状态 M，存在一个实施的顺序，可以从状态 M 到状态 o；

(2) 状态 o 是从状态 i 可达的唯一最终状态，且结束时库所 o 中至少有一个标识；

(3) 在 (PN, i) 中没有死变迁。

由上述定义可知：

① 表示为从初始标识 i 开始，总能到达终止标识 o；

② 表示当库所 o 中存在一个托肯时，其他库所应为空；

③ 表示在初始标识下，工作流网中不存在死变迁。

由以上定义可得出该工作流网是可靠的，即模型是正确的。

目前，在系统的性能分析中应用较多的就是利用 Petri 网的逻辑描述能力来代替故障树进行系统性能分析的建模，常用的 Petri 网逻辑关系有“与”“或”等，其表示如图 2-4 所示，从而能够较为方便地将故障树模型转换为相应的 Petri 网模型。故障树的与门采用多输入的变迁来代替，或门采用多个变迁来代替，如此一来，能够更加便利地将故障树转变为基本 Petri 网。根据得到的 Petri 网，可以利用分析 Petri 网性能的方法对其进行研究。

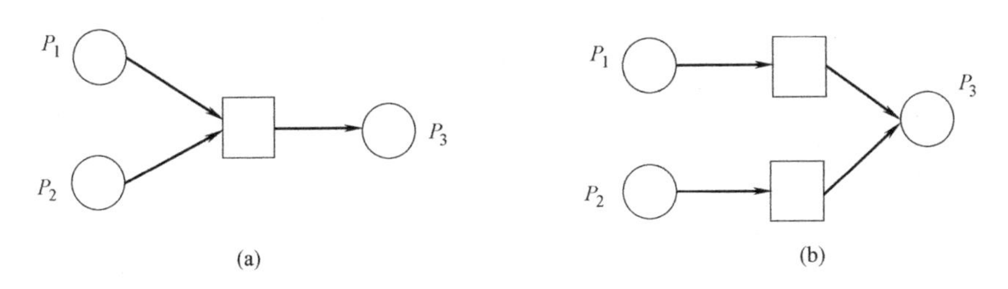

图 2-4 逻辑“与”“或”的 Petri 网表示
(a) 逻辑“与”；(b) 逻辑“或”

2. Petri 网的性质分析方法

Petri 网的性质分析方法有两种：可达树（Reachability Tree）方法和代数方法。

1）可达树方法

可达树方法描述的是在某一初始状态下，系统可能达到的状态，即根据一个给定的初始标识，在经过一系列的变迁之后，进而产生一组全新的标识，对于每个新标识也能够经过不同的变迁之后，再一次产生全新标识。以此类推，逐渐形成一个树形图，其中树根为初始标识。可达树方法能够证明 Petri 网表述系统的安全性、有界性、守恒性和可覆盖性问题。但可达树方法存在一些缺点，例如，往往不能解决 Petri 网活性的问题，由于此方法是从某一个初始标识的角度出发而建立的，一个新的初始标识的形成就意味着需要重新构造可达树，当系统存在较多并发冲突的变迁时，就会出现状态空间爆炸问题，此时没有考虑并发问题，不能区分变迁之间的并发和冲突问题。

定义 $PN=\{P,T,I,O,M_0\}$ 为一个 Petri 网，其可达树 $RT(PN)=(V,E)$ 定义为一个带有变迁名称的有向图，即 $V=R(M_0)$；$\forall v_1, v_2\in V$，$(v_1, v_2)\in E$，当且仅当 $\exists t\in T: M_1(t>M_2$，其中 M_1 和 M_2 分别为 $R(M_0)$ 中对应着 v_1 和 v_2 的元素。此时，对有向边 (v_1, v_2) 标以“t”，并记作 $(v_1, v_2)//t$。

可达树的构造算法：Petri 网 $PN=\{P,T,I,O,M_0\}$ 的可达树 $RT(PN)=(V,E)$ 算法能够通过以下步骤构造。

第一步：设置初值 $V\leftarrow\{M_0\}$，$E\leftarrow\varnothing$，并对 M_0 标以“新”。

第二步：如果 V 当中无新节点，此时构造过程结束，否则转到第三步。

第三步：选择一个“新”的 $M\in V$，作以下第四步～第六步的工作。

第四步：对 $t\in T$，判断是否满足 $M(t>$，对满足此条件的 t，并求出 M'，使得 $M(t>M'$。

第五步：如果 $M'\notin V$，则 $V\leftarrow V\cup\{M'\}$，并对 M' 标以“新”；$E\leftarrow E\cup\{M, M'\}$，$(M, M')//t$。

第六步：将 M 的“新”记号划去，转换到第二步进行。

对于有界的 Petri 网，$R(M_0)$ 是一个有限集，所以以上的算法能够停止，并不是无限循环进行的，算法的正确性可以由可达树的定义以及 Petri 网的引发规则进行证明。

利用可达树验证 Petri 网的行为特性时，如果可达树中每个节点上标记数不超过 1，那么该 Petri 网是安全的，如果可达树中每个节点上的标记数不超过正整数 k，则该 Petri 网是有界的。如果可达树没有“死”节点，即无后续节点的节点，则该 Petri 网是具有活性的。

给定一个 Petri 网的初始标识 M_0，一系列使能变迁的点火将得到一个新的标识。使能变迁进一步点火又能够得到一个新的标识，为了表示这些从 M_0 开始的标识的变化，可以得到一个可达树结构。应用这些可达树，从初始标识开始的标识可以表示为节点，每条弧代表使能变迁的点火，使得网从一个标识变迁到另一个标识。可达树可以用于表示安全性、有界性、守恒性以及可覆盖问题。

运用可达树分析 Petri 网时，由于此方法是一种穷举的方法，因此这种方法只用于有界系统，并且在分析复杂系统的时候将会遇到很大的困难。不仅如此，可达树分析 Petri 网系统性能时，往往不能应用于解决可达性或活性的问题，对于点火序列的确定和判定问题也不能很好地解决。可达性问题可以归结为活性问题的研究。可达树方法一般仅仅适用于 Petri 网的规模较小的情况，因为可达树的复杂度随网规模的大小呈指数变化。

2）代数方法

代数方法基于公式 $M'\to\sigma M'$：$M'=M+A\cdot U$，其中 M 和 M' 是标识，σ 是变迁序列，A 为关联矩阵（Incidence Matrix），U 为变迁向量。该方法是使用关联矩阵描述 Petri 网的结构，优点是可以借助线性代数的有关结果，通过简单的方式来展现 Petri 网的一些性质，特别是结构性质；而缺点是难于很好地描述动态特性，状态方程的有解只是可达性的必要条件而非充分条件。

代数分析方法是一种非常有效的分析方法，能够适用于 Petri 网的某些特别的情况，但是在有效的分析后面存在伪解（Spurious Solution）。

Petri 网结构有界的充分必要条件是存在 m 维的整数向量 $Y>0$，$A^{T}Y=0$。一个结构守恒的 Petri 网必然是结构有界的。若 $\sigma\in T^{*}$，$\exists M\in R(M_0)$：$M_0[\sigma>$，记 $\#(t/\sigma)$ 为 t 在 σ 中出现的个数。令 $X(i)=\#(t_1/\sigma)$，$i\in\{1, 2, \cdots, n\}$，则称向量 X 为点火序列 σ 的点火向量。为了方便起见，有时也将 σ_{-} 记为 σ 的点火向量。

如果 M $[\sigma>M'$，M，$M'\in R(M_0)$，$\sigma\in T^{*}$，则称 $M'=M+C^{T}X$ 为 Petri 网 PN 的状态方程。一个 Petri 网的守恒条件是，当且仅当存在一个正权矢量 W，使得 $W^{T}C=0$。这个条件能够用来检测 Petri 网是否守恒。权矢量 W 亦称 Petri 网的 P（位置）不变量。

矩阵方程也可用来研究可达问题。设一个标识 M' 是可以从 M 达到的。则存在一个变迁点火序列 σ，使标识从 M 到 M'。这意味着在方程中存在一个解 $F[\sigma]$，此时，如果 M' 从 M 是可达的，则方程有一个非负整数解；如果方程无解，则 M' 是不可达的。

2.3.2 Petri 网在系统性能分析中的应用实例

本节以建筑安防系统为例进行 Petri 网建模以及系统性能分析。针对当前建筑中的安防系统检测流程用时久、效率低的问题，对建筑智能化安防系统身份检测流程的性能进行研究。通过分析某建筑智能化系统的安防检测流程，并且基于 Petri 网理论，构建了建筑智能化安防系统检测流程模型，进一步验证模型的正确性，并对模型进行了性能分析。

建筑安防即为建筑物的安全防范，是为了防止与该建筑无关的人员进入建筑物，损害建筑内公共财产安全而进行的一项检测的活动过程。以某建筑智能化系统的安防工作流程为例，其检测内容主要为身体健康检测与身份验证。旅客到达安防检测区域时，首先进行体温检测工作，如果体温异常将会触发红外温度探测器的警报；其次，将证件放在身份识别设备上，与此同时，查验设备的人脸识别功能检测两者身份是否一致，并在数据库中查验其是否为建筑内人员。两项检测均通过后，人员方可进入建筑物。此过程中极易产生瓶颈，导致进入建筑物的人员接受安防检测排队过长，等待时间过久，安防系统效率降低等恶性状况。安防检测流程如图 2-5 所示。

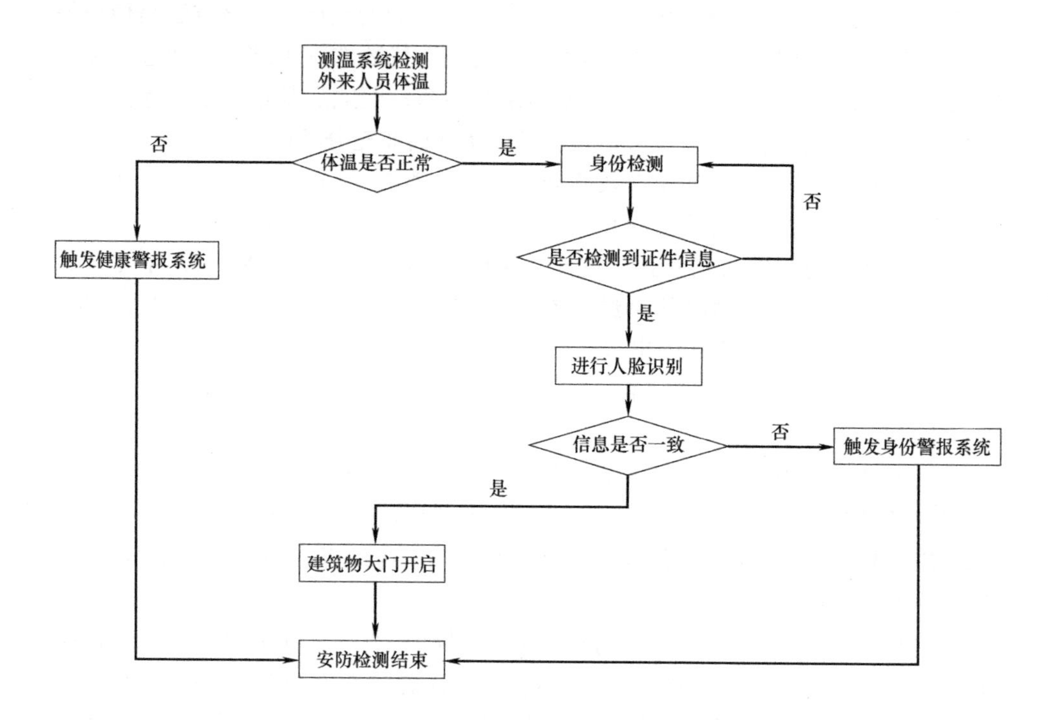

图 2-5　安防检测流程图

根据建筑智能化安防系统流程的各个步骤，建立基于 Petri 网的建筑智能化安防系统的工作流程模型，如图 2-6 所示。

图中的库所分别定义为：P_1 代表外来人员到达建筑安防检测范围；P_2 代表体温检测正常；P_3 代表体温检测异常；P_4 代表检测到证件信息；P_5 代表未检测到证件信息；P_6 代表信息识别一致；P_7 代表信息识别不一致；P_8 代表安防流程结束。

图中的变迁分别定义为：T_1 代表对人员进行自身健康的体温检测；T_2 代表进行身份检测；T_3 代表触发健康警报系统；T_4 代表进行人脸识别；T_5 代表触

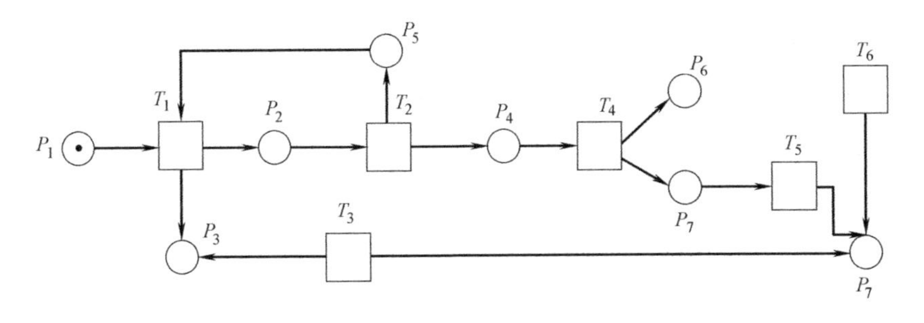

图 2-6 建筑智能化安防系统的 Petri 网工作流程模型

发身份报警系统；T_6 代表开启建筑物大门。

下面对该 Petri 网系统进行性能分析。模型的性能分析指采用合理的分析方法和分析技术对建立的系统模型的动态行为进行定性的评价和定量的计算，以便找出流程中由于资源利用效率低，资源拥挤而出现的瓶颈。此处设定为资源数量受限制。资源数量受到限制时可能会出现人员等待情况，这是因为对建筑以外人员安检需要消耗时间。若消耗时间较长，安防设备数量又较少，而安防流程有多个环节且每个环节接受安防检测的人员比较多，此时到达人员就需要排队进行检测，直到前一位人员检测完毕，安防检测的资源变为可用状态后才能对排队中的人员进行安全检查。

在建立建筑智能化安防系统的 Petri 网工作流程模型之后，根据系统性能分析方法需要分别对建筑智能化安防系统流程的 Petri 网模型进行可达性检测以及合理性检测的验证。利用求解关联矩阵的库所不变量的方法，对模型进行可达性分析。此方法原理是验证库所中的托肯加权守恒，通过求解矩阵来判断该模型是否满足活性、有界性以及可达性的要求，利用可达树分析的方法，对模型进行合理性的分析，从而验证该模型的相关性能。

1. 可达性检测

对初始各库所令牌状态进行定义，定义 $M_0=[1,0,0,0,0,0,0,0,0,0]$ 为初始状态，在 Petri 网中，选择采用不变量分析方法进行建模，建立状态方程 $M=M_0+CU$ 进行求解，如无特别说明，则定义 $M=(0,0,0,0,0,0,0,0,0,0)$ 同样能指代该模型下的初始标识、终止标识，初始令牌状态 M_0 定义相同，对建筑智能化安防系统流程的网模型建立关联矩阵为：

	P_1	P_2	P_3	P_4	P_5	P_6	P_7	P_8
T_1	−1	1	1	0	−1	0	0	0
T_2	0	−1	0	1	1	0	0	0

	P_1	P_2	P_3	P_4	P_5	P_6	P_7	P_8
T_3	0	0	−1	0	0	0	0	1
T_4	0	0	0	−1	0	1	1	0
T_5	0	0	0	0	0	0	−1	1
T_6	0	0	0	0	−1	0	0	1

解得以上矩阵的正整数解为：

$$\xi_1=(1,1,0,0,1,0,0,0)^{\mathrm{T}};$$

$$\xi_2=(1,1,0,1,0,1,0,1)^{\mathrm{T}};$$

$$\xi_3=(1,1,0,1,0,0,1,1)^{\mathrm{T}};$$

$$\xi_4=(1,0,1,0,0,0,0,1)^{\mathrm{T}}。$$

在以上的线性方程组的正整数解中，1 表示库所中存在流动的托肯，0 表示库所中不存在托肯。所以由上述矩阵的解可知模型中托肯流动路线为：

① P_1，T_1，P_2，T_2，P_5；

② P_1，T_1，P_2，T_2，P_4，T_4，P_6，T_6，P_8；

③ P_1，T_1，P_2，T_2，P_4，T_4，P_7，T_5，P_8；

④ P_1，T_1，P_3，T_3，P_8。

根据 Petri 网的定义以及系统性能分析方法，可知以上建筑智能化安防系统的 Petri 网工作流程模型依靠 $T_1 \rightarrow T_6$ 完成变迁，具有活性以及可达性等性质，至此完成了可达性检测。

2. 合理性检测

此建筑智能化安防系统的 Petri 网模型的合理性检测借助到其数组 M 来指代令牌变化。初始状态为 $M_0=[1,0,0,0,0,0,0,0,0,0]$。图 2-7 为安防系统模型的可达性树图解，图中的虚箭头表示在实际过程中能够通过变迁转到的另外一种状态。

结合前面的理论分析，能够容易发现此时有一个循环。可以发现存在循环的包括 T_1、P_2、T_2、P_4、P_5，在建筑智能化安防系统检测流程模型下，其意义为：当建筑外人员进入安防检测范围之后，首先对自身体温进行检测，体温值正常情况下，进行身份检测；在身份检测过程当中，若检测到证件信息，则开启人脸识别检测，一旦未检测到证件信息，则重新返回到健康检测的环节；此时该个 M 将和每一数组达成逐一对应，系统会将借助其去完成令牌变化展现。通过上面的诸多分析可以得出结论，模型具有界限性、安全性，能够推动建筑安防系统检测建模的发展。

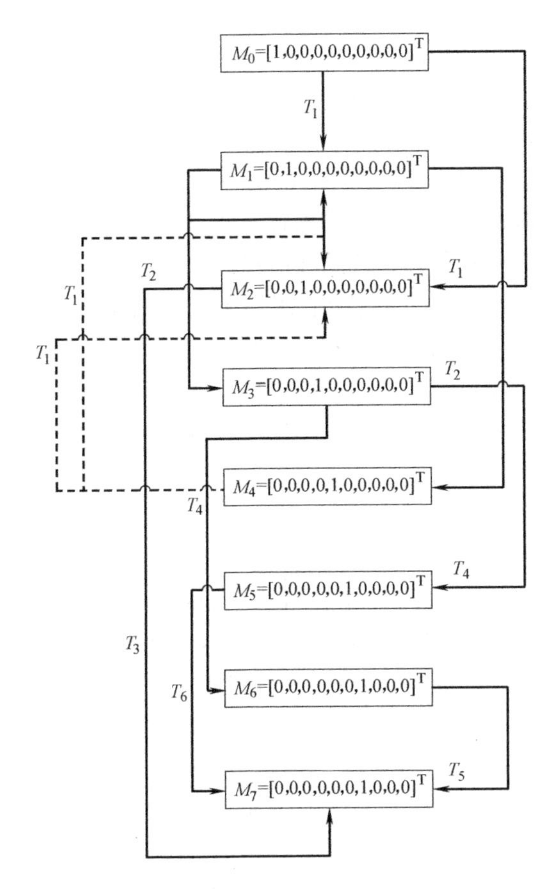

图 2-7 安防系统模型的可达性树图解

2.4 扩展 Petri 网及其应用

2.4.1 扩展 Petri 网

1. 随机 Petri 网

进入 20 世纪 80 年代之后，由于大型计算机等复杂的动态系统性能评估的迫切需要，随机 Petri 网（Stochastic Petri Net，SPN）理论诞生并逐渐发展起来。随机 Petri 网最早由 D. Shadiros 所提出，此后很多结合随机过程理论以及 Petri 网理论的各具特色的随机 Petri 网被提出。随机 Petri 网（SPN）的基本思想是：对每一个变迁 t，当其被使能开始到引发的时间是一个连续的随机变量 λ，能够具有不同的分布。使用随机 Petri 网对动态系统性能进行评估、分析和模拟，实质上就是给出离散随机过程的一个图形化描述。在 Molloy 提出的随机 Petri 网中，与每个变迁相关的分布函数被定义成一个指数分布函数，可以证明，两个变迁在同一时刻实施的概率为零，SPN 的状态可达图同构于一个齐次马尔可夫链，因而利用随机 Petri 网定量分析的数学基础是马尔可夫过程，SPN 的每个标识映射成 MC 的一个状态，SPN 的可达图同构于一个 MC 的状态空间，从而能够获得 MC 转移速率矩阵的参数，因此能够计算出 MC 的每个状态的稳定状态概率，相应地，就能够计算得到各种系统的性能指标。

由于指数分布引发延迟的无记忆性的特性，随机 Petri 系统的可达图同构于连续时间马尔可夫链。特别地，K 有界的 SPN 系统同构于有限时间马尔可夫链。因此，对于服从指数分布的系统进行性能分析时，可以通过建立系统的随机 Petri 网模型，从而获得系统的状态可达图，而后利用马尔可夫理论即可进行系统的性能分析。

2. 广义随机 Petri 网

SPN 的状态空间会随着问题的复杂程度的增加而呈指数型增长，这使得与 SPN 同构的 MC 难以求解。1984 年，M. Ajmone-Marsa 等提出了广义随机 Petri 网（Generalized Stochastic Petri Net，GSPN），在随机 Petri 网的基础之上允许变迁具有零引发时间或者负指数分布的引发时间。GSPN 的状态空间较相同问题的 SPN 的状态空间有所减少，为缓解状态爆炸提供了一种有效的解决途径。GSPN 是 SPN 的一种扩充。主要表现在：将变迁分为两类，一种为瞬时变迁，与随即开关相关联且实施延时为零；另一种为时间变迁，与指数随机分布的实施延时相关联。GSPN 的状态空间较相同问题的 SPN 有所减少，因此得到了更加广泛的应用。

3. 随机回报网

随机回报网（Stochastic Reward Net，SRN）是由 G. Ciardo 等人于 1993 年所提出来的。SRN 是 GSPN 的一种扩充，主要表现在允许系统性能测量可以用回报定义的形式来表达。基于 GSPN，在 SRN 当中，还有三种模型功能的扩充。

1）弧权变量（Variable Cardinality Arc）

在标准 Petri 网和多数 SPN 中，弧权都是常数。如果从位置 p 到变迁 t 输入弧的弧权是 k，t 要可实施必须至少有 k 个标识在 p 中。当 t 实施时，k 个标记从 p 中清除。在模型中，经常有要求将位置 p 中的所有标记移到位置 q 中。常数弧权不方便完成这个描述。在 GSPN 中，我们能使用图 2-8 中的模型完成上述描述。变迁 t 实施仅移动第一个标记从 p 到 q 且把一个控制标记放入位置 p_{flush} 中，然后瞬时变迁 t_{flush} 能移动所有 p 中的剩余标记，直到 p 为空。最后，瞬时变迁 t_{stop} 从 p_{flush} 中清除这个控制标记。

同样的系统行为可简单地由规定弧权变量解决，在从位置 p 到变迁 t 输入弧和从变迁t到位置q输出弧的弧权上标注$M(p)$，表示p中的标记数量。这个标注的表示比较自然，不需要附加变迁和位置，而且也不产生附加的实存状态以及多余的状态之间转换。在SRN中，允许有输入、输出和禁止弧的弧权变量。

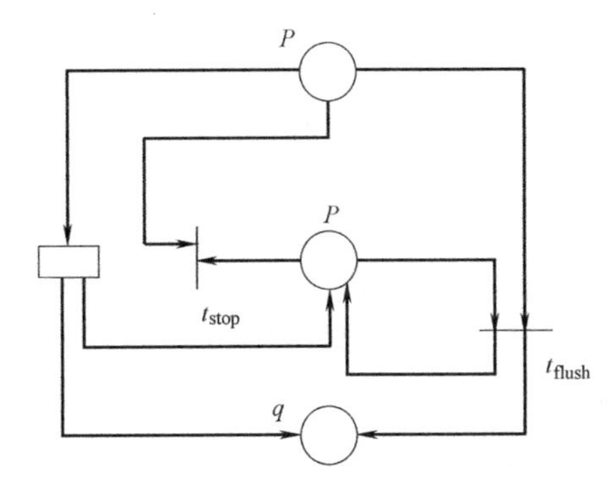

图 2-8　清空一个位置

当弧权变量为零时，就认为此弧不存在。当然也可利用弧权变量构造弧权函数，例如，$\max\{I, M(p)\}$表示至小为“1”。

2）变迁实施函数（Transition Enabling Function）

在SRN中，每一个变迁t都可以联系一个布尔实施函数e。在每一个标识M中，当变迁t存在实施可能性时，实施函数e将要被评价。实施可能性表现在：①没有比t更高优先级的变迁在M下可实施；②变迁t要满足可实施条件，即每一个输入位置中都含有大于或等于输入弧权的标记；③每一个输入禁止位置中都含有小于禁止输入弧权的标记。

上述条件满足时，$e(M)$被评价，变迁t可实施iff$e(M)=$TRUE。缺省e表示它永为TRUE。

3）变迁实施优先级（Transition Enabling Priority）

在SRN中，一个实施优先级与每一个变迁相联系。如果S是在一个标识下可实施的变迁集合，且变迁k在S中具有最高优先级h，那么任何在S中具有优先级小于h的变迁都不可能实施。为了避免理论上的混淆，时间变迁和瞬时变迁不能有相同的优先级，瞬时变迁具有比时间变迁更高的实施优先级。一般对时间变迁优先级不加以说明时，可以认为所有时间变迁优先级为“0”，而瞬时变迁的优先级大于等于“1”。变迁实施优先级可以简化模型的设计，特别是对于一些系统的控制和管理方案的模拟将带来极大的效益。

4. 确定与随机 Petri 网（DSPN）

确定与随机Petri网（Deterministic Stochastic Petri Net，DSPN）是由M. A. Marsan等人于1987年提出来的。DSPN是GSPN的一种扩充，主要表现在允许时间变迁的实施延时既可以是常数，也可以是指数分布的随机变量。在图形上，确定时间变迁用黑长方块表示，指数时间变迁用白长方块表示。

确定时间变迁的使用要受到一些限制。如果假定所有的DSPN标识在一个状态最多只能使一个确定时间变迁可以实施，那么就能将这个DSPN标识映射成一个半马尔可夫过程。如果一个确定时间变迁可以实施，就可能在时间变迁实施时刻进行采样，将连续过程定义为离散时间马尔可夫链。为了方便理解，可以将并行确定时间变迁划分为两类：独立变迁不能因其他变迁的实施而中断其执行，可抢占变迁则可以因其他变迁而中断其执行。

5. 随机 Petri 网与排队论

排队网络在随机模型应用领域是传统的数学模型工具，在计算机网络、机器制造系统、传输控制系统等领域有着广泛的应用。排队论之所以得到广泛的应用，是因为相当广泛的一类排队模型具有乘积解特性。这个特性意味着这类排队网络的稳定状态解是单个队列稳定状态解的系数乘积，因此可有效地简化求解的复杂性。

应当指出连续时间排队网络模型有相当大的优势，但离散时间排队模型的分析就比较复杂。除了特殊情况外，离散时间模型不可能具有乘积解特性。

排队模型的描述能力还有不足，特别在如下一些现象的描述上：

（1）同步；

（2）阻塞（Blocking）；

（3）顾客的分裂（Splitting）。

分布系统一般共有的性质就是都要摧毁乘积解特性，甚至最简单的排队模型都不能直接求解，都要转换成相对应的连续时间马尔可夫链（CTMC）来求解。从求解的观点来看，随机 Petri 网与排队模型等价，均对应着相同的马尔可夫链。但是，Petri 网比排队模型具有更强的描述能力，尤其在分布系统、并行系统以及同步系统的性能分析应用中更是如此。

2.4.2 扩展 Petri 网的应用

扩展 Petri 网的形式化建模方法，在建筑智能化、通信网络、计算机和软件系统等很多领域有着广泛的应用。

1. 扩展 Petri 网在通信网络协议性能分析中的应用

对于复杂的计算机网络系统来说，在系统的设计、评价和实现阶段，甚至整个系统生命期，均依靠模型来进行工作。

随机 Petri 网模型具有很强的描述能力，表现在其标记分类、变迁以及位置着色方面。随机 Petri 网的传输控制机制，对网络系统的性能影响较大，对于预测新系统的设计、现存系统的改进和现有系统的评价都有良好的效果。

2. 扩展 Petri 网在 ATM 网络模型和性能评价中的应用

ATM 是当今通信网络领域中具有优势的技术。ATM 网络的研究主要包括协议、管理与控制等问题。传输管理与控制是 ATM 网络的核心技术，网络的每一个操作都涉及管理与控制问题，这个问题应是研究的重点。ATM 的技术特点之一就是要提供服务质量的保证。为保证网络的服务质量始终处于较高的状态，就必须对网络中的传输进行控制和管理。

在允许接纳控制和传输中，采用随机 Petri 网层次模型能够有效地简化 ATM 网络模型的复杂性，利用随机 Petri 网建立模型，有层次地将系统模型分解为多个独立的子模型，再对子模型进行单独分析求解，然后合并子模型的解去获得元模型的解。既能降低求解网络模型的复杂性，又解决了现实 ATM 的控制、传输问题。

3. 扩展 Petri 网在计算机和软件系统中的应用

随着计算机技术的发展，分布系统越来越流行和重要，例如多处理机系统。如何增强多处理机系统的能力以及性能是关键的因素之一。将扩展 Petri 网应用于多处理机系统中，并分析系统的能力以及性能，均取得了良好的效果，对计算机和软件系统的发展起到了积极的推动作用。

然而，扩展 Petri 网的研究工作虽然取得了一定进展，但是至今为止，还没有形成对于复杂系统建模以及分析的有效方法，并且对于系统的自身条件，例如实验数据获取困难、实验环境复杂多变等问题尚未解决，这些问题亦是未来研究的重点方向。

第3章　基于随机Petri网的建筑智能化系统可靠性研究

经典 Petri 网一般只适用于对系统的常规行为进行建模和分析，然而在实际应用中，很多行为具有延时或随机特性，经典 Petri 网无法使用。

本章描述的随机 Petri 网（Stochastic Petri Nets，SPN）就是对经典 Petri 网的一种扩展，能够解决系统中有随机延时问题的建模和性能分析。本章将从随机 Petri 网的定义、建模、抽象与细化和性能分析方法等几个方面展开讨论，以建筑智能化系统的通信系统为对象，构建完整的建模与分析过程。

3.1　随机 Petri 网

3.1.1　基本概念

本节中讨论的随机 Petri 网主要指连续随机 Petri 网。在连续时间随机 Petri 网中，如果一个变迁需要从可实施到实施，则该变迁是需要延时的，也就是说，从一个变迁 t 变成可实施的时刻到它实施时刻之间，被看成是一个连续随机变量 x_t，并且 x_t 服从某分布函数 $F_t(x)=P\{x_t\leqslant x\}$。

在不同类型的连续时间随机网中，这个分布函数的定义是不一样的。在连续时间 Petri 网中，与每个变迁相关的分布函数被定义成一个指数分布函数 $\forall t\in T: F_t=1-e^{-\lambda_t x}$，其中参数 $\lambda_t>0$ 是变迁 t 的平均实施速率，变量 $x\geqslant 0$。

可以证明以下两个性质：①两个变迁在同一时刻实施的概率为零；②随机 Petri 网的可达图同构于一个齐次马尔可夫链，因此可以用马尔可夫随机过程求解。指数分布是满足马尔可夫特性的连续随机变量的唯一分布函数。因此，要想把马尔可夫随机过程应用于随机 Petri 网的可达图，每个变迁的延时必须服从于指数分布函数是其充分必要条件。

定义 3.1　连续时间随机 Petri 网。一个连续时间 $SPN=(S,T;F,W,M_0,\lambda)$，在这里，$(S,T;F,W,M_0)$ 是一个库所/变迁（P/T）系统，$\lambda=\{\lambda_1,$

$\lambda_2,\cdots,\lambda_m\}$ 是变迁的平均实施速率集合，其中，λ_i 是变迁 $t_i \in T$ 的平均实施速率，表示在可实施的情况下单位时间内平均实施次数，它的单位是次/单位时间。特别地，有时实施速率可能依赖于标识，是标识的函数。例如，在一个变迁表示多个任务或者进程并发执行时，变迁 t_i 的平均实施速率就与任务的个数或进程的个数成正比。平均实施速率的倒数 $\tau_i=\frac{1}{\lambda_i}$ 称为变迁 t_i 的平均实施延时或者平均服务时间。需要指出的是，每个变迁平均实施速率 λ_i 的值是从对所模拟系统的实际测量中获得的，或者是根据某种要求推算的预测值，因此，这些值应该具有实际的物理意义。

定义 3.2 同构随机系统。两个随机转换系统是同构的，须满足以下条件：

(1) 在两个系统的状态空间之间存在一个一对一的满射函数 F；

(2) 在一个系统中存在一个状态转换 $S_i \to S_j$，在另一个系统中存在一个状态转换 $F(S_i) \to F(S_j)$；

(3) 对任意状态，概率 $P[S_i \to S_j,\tau]=P[F(S_i)\to F(S_j),\tau]$。

需要指出的是，上述定义考虑的是 SPN 的标识序列，而不是变迁实施序列。也就是说如果可以分别实施多个变迁，从一个标识 M_i 到达另一个标识 M_j，那么这些变迁是不可区分的，它们的动作就好像单个变迁一样。

定理 3.1 任何具有有穷个位置、有穷个变迁的连续时间随机 Petri 网，都同构于一个一维连续时间马尔可夫链。

定义 3.3 连续时间马尔可夫链。马尔可夫链（Markov Chain，MC）是概率论和数理统计中具有马尔可夫性质（Markov Property）且存在于离散的指数集（Index Set）和状态空间（State Space）内的随机过程。适用于连续指数集的马尔可夫链被称为马尔可夫过程（Markov Process），但有时也被视为马尔可夫链的子集，即连续时间马尔可夫链（Continuous-time MC，CTMC）与离散时间马尔可夫链（Discrete-time MC，DTMC）相对应，因此马尔可夫链是一个较为宽泛的概念。

马尔可夫链可通过转移矩阵和转移图定义，除马尔可夫性外，马尔可夫链可能具有不可约性、常返性、周期性和遍历性。一个不可约和常返的马尔可夫链是严格平稳的马尔可夫链，拥有唯一的平稳分布。遍历马尔可夫链的极限分布收敛于其平稳分布。

对于 $\forall n \in N$，$\forall x_k \in S$，全部序列 $\{t_0,t_1,\cdots,t_n,t_{n+1}\}(t_0<t_1<\cdots<t_n<t_{n+1})$，如果满足下列条件，则随机过程 $\{X(t),t\geqslant 0\}$ 就是一个连续时间马尔可夫链：

$$P\{X(t_{n+1})=x_{n+1}|X(t_n)=x_n,X(t_{n-1})=x_{n-1},\cdots,X(t_0)=x_0\}$$
$$=P\{X(t_{n+1})=x_{n+1}|X(t_n)=x_n\},t_0<t_1<\cdots<t_n<t_{n+1}$$

具有以上马尔可夫特性的随机过程就是连续时间马尔可夫链，也就是说，如果已知当前时刻 t_n 和全部过去时刻状态，未来时刻 t_{n+1} 的状态只和现在所处的状态有关，而与过去所处的状态无关。可以看出，对于一个连续时间马尔可夫链而言，当它转移到某一个状态 i 时，有以下性质：令从该状态 i 转移到状态 j 的概率是 p_{ij}，则有 $\sum p_{ij}=1$。

特别的，k-有界随机 Petri 网同构于有穷马尔可夫链。因此，当 k 的取值较小时，可以用标准方法求解随机 Petri 网。判断一个随机 Petri 网是否有界的方法，与库所/变迁（P/T）系统相同。也就是说，只需要判断 $\forall M\in[M_0>, \forall s\in S: M(s)\leqslant k$ 是否成立。如果一个随机 Petri 网对于所有初始标识都是有界的，那么称之为结构有界随机 Petri 网。对于结构有界随机 Petri 网，可以利用结构分析法给出系统模型的性能界限。与 P/T 网一样，如果同一个网络设置的初始标识不同，就会有不同的可达图，在随机 Petri 网中，也会得到不同的马尔可夫链，一般情况下，系统模型的初始标识中的标记设置越多，马尔可夫链也越复杂。

不过，也有与 P/T 网不同的情况。在一个标识 M 下，如果有几个可实施的变迁，它们的集合为 H。在 P/T 网内，集合 H 中的任意一个变迁的实施都是可能的，而且它们的实施概率相同。然而，在随机 Petri 网中，集合 H 中的任意一个变迁的实施都是可能的，但是它们的实施概率不同。若有 $t_i\in H$，则 t_i 实施的可能性为 $P(M[t_i>)=\lambda_i/\sum t_{k\in H}\lambda_k$。同构马尔可夫链的获得方法为：求出随机 Petri 网的可达图，将其每条弧上标注的实施变迁 t_i 转换为它的平均实施速率 λ_i 或者是与标识相关的函数，就可得到马尔可夫链。

3.1.2 随机 Petri 网的建模与分析步骤

利用随机 Petri 网对系统性能进行分析，需要以下 5 个步骤。

第一步：系统建模，根据待分析的系统，以及需要分析的性能，建立相应的随机 Petri 网模型。

第二步：计算可达集，计算系统随机 Petri 网模型的可达集，从而获得系统的可达标识图。

第三步：获得连续时间马尔可夫链，可以由系统随机 Petri 网的可达标识图构建其同构的连续时间马尔可夫链。

第四步：计算系统稳定状态，根据连续时间马尔可夫链，可以计算获得系统随机 Petri 网模型的稳定状态概率。

第五步：性能分析，计算获得系统所有稳定状态的概率，就可以计算随机 Petri 网模型中各项性能指标。

令 Σ 是一个有界随机 Petri 网，它的可达标识图记为 $RG(\Sigma)$，可达标识集

记为 $R(M_0)$。由于指数分布具有无记忆性，因此 Σ 的可达标识图 $RG(\Sigma)$ 与一个有限马尔可夫链同构。随机 Petri 网 Σ 的可达标识集 $R(M_0)$ 就是马尔可夫链的状态空间。假设可达集一共包含了 r 个标识，则 Σ 的概率转移矩阵就是一个 r 阶矩阵 $Q=[q_{ij}]_{r\times r}$，其中：

$$q_{ij}=\begin{cases}\lambda_k,\text{若 } i\neq j,\text{且存在 } t_k\in T,\text{使得 } M_i[t_k>M_j\\ 0,\text{若 } i\neq j,\text{且存在 } t_k\in T,\text{使得 } M_i[t_k>M_j\\ -\sum\limits_{M_i[t_k>}\lambda_k,\text{若 } i=j\end{cases}$$

获得概率转移矩阵，则可以计算出有界随机 Petri 网 Σ 中每一个可达标识（对应马尔可夫链状态）的稳态概率。令 r 维向量 $\Pi=[\pi_1,\pi_2,\cdots,\pi_r]$ 表示马尔可夫链的稳态概率，在这里，π_i 代表对应标识 M_i 的稳态概率。则 π_i 满足以下关系：

$$\begin{cases}\Pi Q=0\\ \sum\limits_{i=1}^{r}\pi_i=1\end{cases}$$

获得稳态概率后，即可评价随机 Petri 网模型对应的系统的性能。

3.1.3　随机 Petri 网分析的性能指标

随机 Petri 网可以用于分析复杂系统的动态性能，特别是随着计算机的广泛应用，离散系统已经运用在很多的领域中，对这些动态系统中的离散事件进行建模和分析，随机 Petri 网可以成为一种十分适用的工具，尤其在性能指导的评价方面，许多案例都证明，随机 Petri 网有显著的优势。

随机 Petri 网可以详细刻画复杂系统的动态变化过程，定性地描述系统的动态行为，更为重要的是，它能够定量地计算和分析系统的各种性能指标，而且这种计算和分析可以借助建模工具自动完成，从而为系统优化提供参考。在随机 Petri 网的模型中，系统的资源增加或减少时，只要增加相应位置中的标记数就可以建立相应的模型，即随机 Petri 网的结构并不随系统资源数目的变化而发生很大改变，这也是随机 Petri 网的一个优点。另外，随机 Petri 网可以在一个系统模型的基础上采用图形化的方法完成系统描述、可靠性分析、系统的验证和测试，能够大大方便研究人员的建模和分析。

1. 系统可靠性分析和评估

分析系统的可靠性，主要是针对系统的表征故障。表征故障的随机 Petri 网模型中流动的是系统故障信息，这些信息可以描述故障事件间的逻辑关系，例如单输入单输出、单输入多输出、竞争等，但是没有冲突现象。这些逻辑关系包括："或"关系、"与"关系、关联关系、对立关系、"k OUT OF n"关系，如

图 3-1 所示。

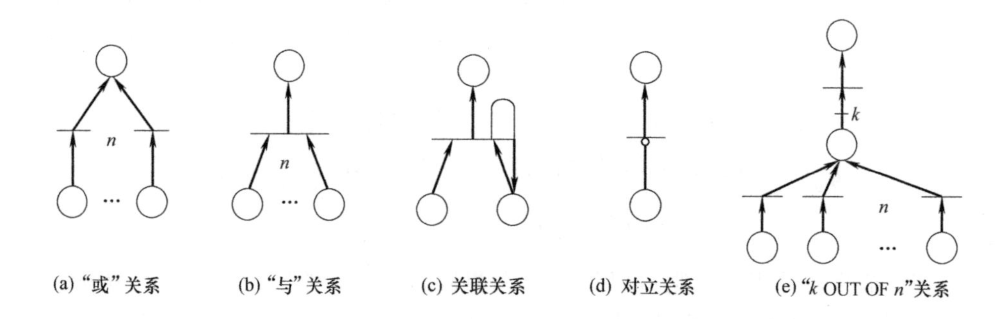

图 3-1　故障事件间的逻辑关系

注：(a)"或"关系（OR)：至少有一个输入事件发生，输出事件就能发生。(b)"与"关系（AND)：当且仅当所有输入事件都发生，输出事件才能发生。(c) 关联关系：当某一个条件事件发生时，输出事件又引出输入事件。(d) 对立关系：输出事件是输入事件的对立事件。(e)"k OUT OF n"关系：在 n 个输入事件中，只要有 $k(k \leqslant n)$ 个发生，输出事件就发生。

对于系统的状态变化来说，随机 Petri 网模型也能够反映其关联、依赖、约束等关系，如图 3-2 所示。

在评估系统的可靠性时，将系统状态的发展变化过程作为一个马尔可夫过程来进行分析。

首先，根据需求分析的结果，以系统随机 Petri 网的标识为节点、变迁为弧，构成随机 Petri 网的可达树，并结合可达树确定系统的状态标识集及其子集，即系统的失效状态集。其次，将得到的随机 Petri 网转化为与其同构的连续时间马尔可夫链。最后，基于连续时间马尔可夫链的瞬时或平稳状态分布对系统可靠性进行分析。整个过程同 3. 1. 2 节中的步骤。

2. 系统运行效率的评估

系统的运行效率可以通过平均延迟时间、库所繁忙度和变迁利用率来反映。

一般来说，我们可以利用 Little 规则和平衡原理来计算系统的平均延迟时间，计算公式为：

$$T=\frac{\overline{N_l}}{R(T,P)}=\frac{\sum P[M(P_i)=1]}{W(T,P)U(T)\lambda}$$

其中，$\overline{N_l}$ 表示系统中所有库所的平均 Token 数的总和，$R(T,P)$ 是变迁的标记流速，即单位时间内流入变迁 T 的输出库所 P 的平均 Token 数。

库所的繁忙度即库所中所含有的平均 Token 数，在这里，我们默认所讨论的随机 Petri 网都是安全的，因此，库所的繁忙度也相当于标记概率密度函数。在稳定状态下，库所中含有 Token 的标识的稳态概率之和就是库所的标记概率

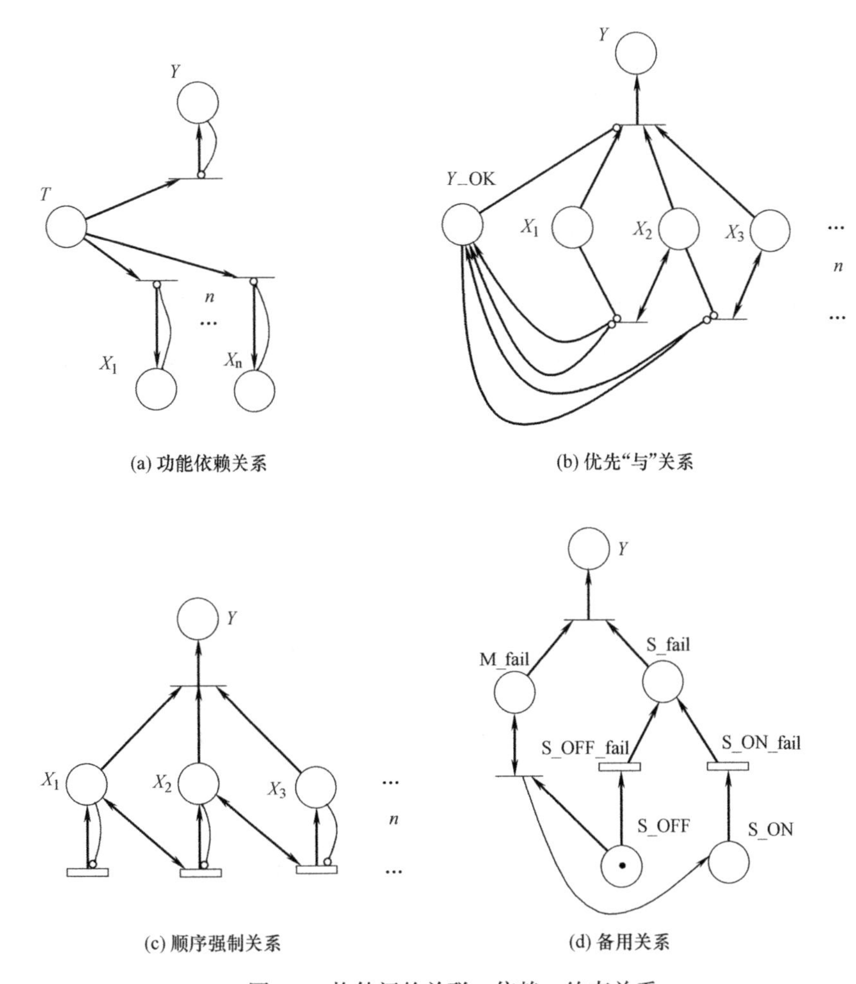

(a) 功能依赖关系

(b) 优先"与"关系

(c) 顺序强制关系

(d) 备用关系

图 3-2 构件间的关联、依赖、约束关系

注：(a) 功能依赖关系（Functional Dependency）：一个输入事件的发生导致其他输入事件及输出事件都发生。(b) 优先"与"关系（Priority And）：仅当所有的输入事件发生且是按照一定的次序发生的，输出事件才发生。(c) 顺序强制关系（Sequence Enforcing）：对于两个及以上输入事件和一个输出事件，所有输入事件被迫只能按照某种特定的次序依次发生，当且仅当所有输入事件发生时，输出事件才发生。(d) 备用关系（Warm Spare）：假设存在两个构件，一个是主构件，另一个是备构件；备构件初始时处于休眠状态；当主构件失效时，备构件由休眠状态转入工作状态，代替主构件进行工作；只有主构件和备构件都失效，输出事件才会发生。

密度函数。设 $P[M(P_i)=1]$ 表示库所含有 1 个 Token 的概率，则库所 P_i 的标记概率密度函数的计算公式为：

$$P[M(P_i)=1]=\sum_j \pi_j$$

其中，π_j 是标识的稳态概率。

如果某一个变迁在标识下具有发生权，那满足此条件标识的稳态概率之和就是该变迁的利用率。在工作流模型中，对系统运行效率产生较大影响的工作环节可以通过判断变迁利用率的高低来发现，即可以找出时间消耗相对较高的业务环节。计算变迁 T 的利用率的公式为：

$$U(T)=\sum_{M\in E}P[M]$$

其中，E 表示可达标识的集合，在此类标识下变迁 T 具有发生权。

3.1.4 随机 Petri 网分析工具

目前，随机 Petri 网的分析工具主要有：随机 Petri 网软件包（SPNP）、PIPE、TimeNET 等。

1. SPNP

随机 Petri 网软件包（SPNP）是由美国杜克大学的 Trivedi 教授所领导的研究小组研究和开发的。经过多年的运行和修正，SPNP 已经是一个较成熟的随机 Petri 网软件。它是非商业软件。

SPNP 的使用界面是 C 语言形式的随机 Petri 描述语言，它是 C 语言的一个扩充，附加了随机 Petri 模型的描述性能参数测试函数。随机 Petri 所描述的随机 Petri 模型，实际上是随机回报网模型。它的测试性能参数包括两类：①稳态期望值；②瞬态分析值。随机 Petri 可以运行在广泛平台的 UNIX 系统和 VMS 系统之中。

2. PIPE

PIPE（Platform Independent Petri Net Editor）由伦敦大学计算机学院开发，是构建随机 Petri 网的强大工具之一，它的优点是比其他工具更通俗易懂。PIPE 具有良好的用户界面和简单的操作方式，不过，目前版本的 PIPE 工具的分析能力还比较有限，对于复杂性能仍无法满足要求。PIPE 在逻辑上由以下三个部分组成：①用户图形交互界面；②用户界面和模块交互层；③分析模块。在这三个部分中，用户界面和模块交互层是分析和应用的主要部分。用户界面和模块交互层可以用作编辑器和转换器，给用户的应用提供一种标准格式，所以，用户界面和模块交互层也可视为 PIPE 的数据层。用户界面和模块交互层服从 Petri 网标记语言（Petri Net Markup Language，PNML）的标准，因此，它能够分析任何 Petri 网。用户图形交互界面采用了大量 Java Swing 提供的 API 函数，利用 Model-View-Controller（模型界面控制器）结构来实现用户图形交互界面和用户界面及模块交互层的联系。

3. TimeNET

TimeNET 软件是由德国柏林科技大学性能评价小组在 DSPNExpress 及 GreatSPN 的基础上改进开发的。最初的 TimeNET 就是对 DSPNExpress 软件的优化，其包括 DSPNExpress 当时版本的所有组件，并且支持扩展的确定性随机 Petri 网（extended Deterministic and Stochastic Petri Net，eDSPN）的建模描述，其中的变迁可以是常数、均匀分布、三角分布等。根据不同的 Petri 网类型，TimeNET 还集成了多个不同的算法，能够对 eDSPN 进行分析。另外，TimeNet4.0 提供了形象化的概率密度函数（Probability Density Function，PDF）曲线描述，以及各种网组成元素统计、Petri 网编译及数值计算等功能，在设计好系统模型后，给各个变迁和库所按上面的参数分析设置属性值和权重，进行系统检查、验证和评价。TimeNET 由基本的网元素构成，包括库所（Place）、变迁（Transition）、弧（Arc）、文本（Text）。变迁可以根据激活时间函数类型的不同分为指数变迁（Exponential Transition）、瞬时变迁（Immediate Transition）、确定性变迁（Deterministic Transition）、普通变迁（General Transition）。

TimeNet4.0 定义使用了特别的语法。一个性能计算可以包含数字、标记和延时参数、代数运算符，以及下面的基本计算。

（1）*P*{<logic_condition>}：表示相应 logic_condition 的概率。

（2）*P*{<logic_condition1>IF<logic_condition2>}：计算在 logic_condition2 发生的条件下 logic_condition1 发生的概率。

（3）*E*{<marc_func>}：表示与标记相关的表达式 marc_func 的值。

（4）*E*{<marc_func>IF<logic_condition >}：表示与标记相关的表达式 marc_func 的值，但是只有相应的标记满足 logic_condition 时才被计算在内。

3.2 建筑智能化系统通信网络模型

在三网融合、物联网、云技术等高新技术的推动和国家政策的推动下，建筑智能化系统正快速向前发展，越来越多的建筑智能化系统开始引进先进的设备和软件，系统涵盖的内容也从单纯的方式向多种方式相结合的方向发展。目前，建筑智能化系统正朝着感知更加综合化、业务更加融合化、终端更加集约化、终端接入无线化的趋势发展。

建筑智能化系统的通信网络控制是系统的核心部分，主要由控制主机、通信网络、接入设备和用户终端四部分组成，通过有线或者无线方式连接而成，目前，越来越多的建筑智能化系统通信网络已经趋向无线化方向发展，其结构如图 3-3 所示。建筑智能化系统控制主机的功能包括系统的数据采集、协议转换、通信转发、控制下达、存储配置功能。用户终端包括智能手机终端、平板电脑等。建筑智能化系统控制主机与用户终端之间的通信协议采用 DLNA 控制协议。智能终端集成了安防和控制等多种功能应用的建筑智能化系统应用程序，实现一个终端控制多个子系统。

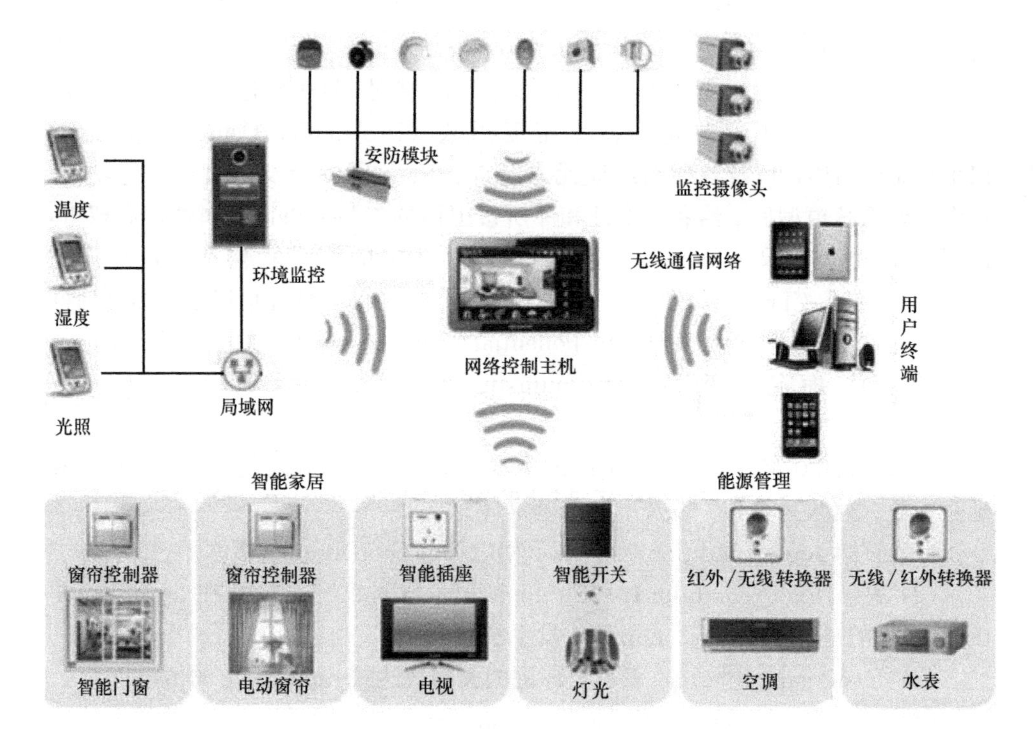

图 3-3　建筑智能化系统通信网络的构成

目前，国内外已经有许多方法对建筑智能化系统通信网络的控制系统进行了建模和分析。然而，由于设备种类繁多，从无线技术到物理接口，标准的多样性导致不同产商的设备之间不兼容，通信协议不统一。另外，建筑智能化系统通信网络综合平台通信协议的可靠性和安全性也缺乏验证。

针对这些问题，本节将给出一种适用于建筑智能化系统通信网络综合控制平台的通信协议，确定系统各个构成单元的职责与相互关系，着重解决利用网络实现一个主控制单元同时对多个设备的控制问题；给出系统运行时的通信模型，利用可动态建模的随机 Petri 网，描述系统主要构成单元之间的通信和交互方式；利用 SPN 实现实时环境下通信系统的动态分析。

建筑智能化系统通信网络的随机 Petri 网模型由两个部分构成。

1. 具有随机特性的正常通信模型

图 3-4 中的模型表示了正常的通信情况。在该模型中，变迁 Send 到变迁 NCCrev 之间的通信过程表示用户终端向网络控制主机发送数据信息，库所 MS-GVTR 表示控制信息的通信状态。如果在这个过程中发生无线通信故障，库所

CONNECTED 中不含有标记（Token），与库所 CONNECTED 连接的 NCCloss 和 USERloss 的弧及库所 NEWPRO 与 Drop 连接弧均表示抑制弧，抑制弧满足变迁激活条件，激活故障处理变迁 NCCloss，变迁 NCCloss 将通信故障信息写入库所 RFAULT 中，从而通过故障日志形成映射，对事件故障进行描述，实现对通信中断、数据传输误码的故障定位表示。

变迁 NCCrev 到变迁 USERrev 之间的通信过程表示控制主机向用户终端发送控制信息，库所 MSGRTV 表示控制信息的通信状态。如果在这个过程中发生通信故障，此时同样抑制弧满足变迁激活条件，激活故障处理变迁 USERloss，变迁 USERloss 将通信故障信息写入库所 VFAULT 中，形成通信故障日志。

变迁 USERrev 到变迁 Drop 之间的过程是由于网络通信故障而导致的系统失效，如果通信数据包出现丢失，出于安全考虑采取保守的设计方法，系统将发出报警。库所 NEWPRO 描述用户终端等待控制主机指令的状态，如果此时出现控制主机数据包丢失，库所 NEWPRO 中标记便激活变迁 Overtime。系统失效的过程中，数据传输速率具有非匀速下降特征，为简化计算，假定数据正常传输的平均速率是恒定的 $a_{\max}$，系统失效的时间为 $t=\dfrac{v_e-v_0}{a_{\max}}+t_k$，其中 t 为系统反应时间，v_e 为故障时系统最终的数据传输速率，v_0 为系统的初始数据传输速率，t_k 表示随机误差时间。变迁 Drop 将系统故障信息写入 PFAULT 中，生成

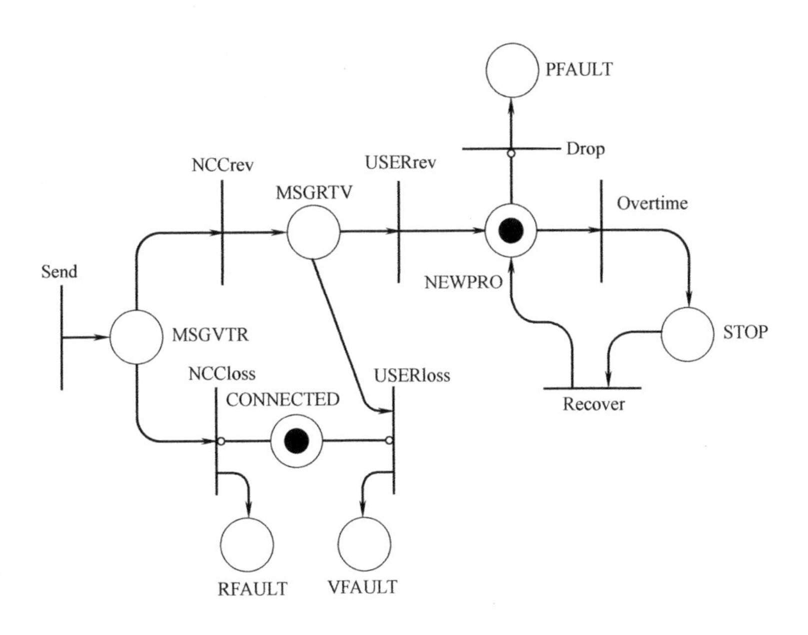

图 3-4 正常通信模型

故障日志，从而实现了对故障信息的表示。

2. 系统故障恢复模型

对于建筑智能化系统随机 Petri 网模型的建立主要从通信服务质量（QoS）和故障恢复角度来考虑，从而实现对通信系统进行仿真评价分析。用户终端与控制主机通常处于正常通信状态，但是在实际通信中存在传输差错（Transmission Errors）、连接丢失（Connection Losses）、越区切换（Handover）等引发通信故障的因素。

图 3-5 是模型传输差错模型，其中，变迁 Disconnect 表示发生故障时断开链接，库所 DISCONNECTED 表示此时无线通信处于断开状态。变迁 Reqr 到 Resp 的过程表示尝试重新建立链接，CONNECTED 表示回到正常的无线通信状态。变迁 AUError 表示重新建立连接失败。

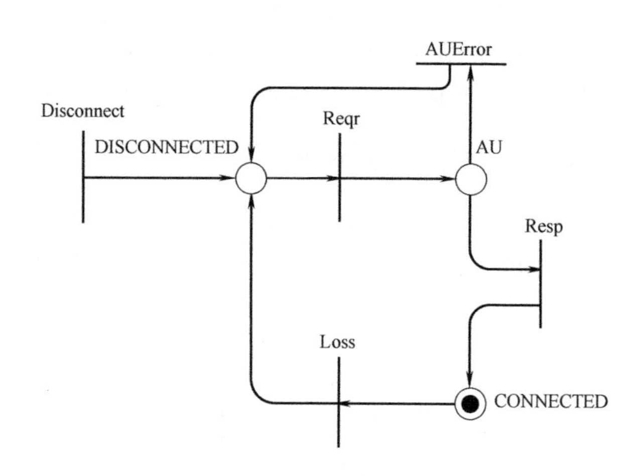

图 3-5　系统故障恢复模型

指数分布变迁 Disconnect 表示通信连接丢失故障情况，考虑到通信连接丢失是小概率事件，概率值通常小于 10^{-2}/h，则 $\lambda_2=\dfrac{10^{-2}}{60\times60}=2.7778\times10^{-6}$/s。变迁 Disconnect 也可以监测通信系统发生通信数据丢失所需要的时间，该时间为确定性时间，一般要求该时间不大于 1s，取 $t=1$s。指数分布变迁 Loss 表示通信连接丢失后重新建立成功所需要的时间，根据测试，正常情况下从发起建立数据连接请求到正确接收链路应答相应的平均时间间隔为<8.5s（95%）、≤10s（100%）。为提高仿真精度，根据定义可知，对于该请求应答过程持续时间越短越好，因此在模型建立时参数选取最优应答周期为 8.5s（95%）。在参数赋值时，根据指数分布函数 $F(x,\lambda)=1-e^{-\lambda x}$，$x\geqslant0$。因此 $\lambda_3=\dfrac{-\text{In}(1-0.95)}{8.5}=0.3524$。

对于确定性变迁 Reqr，根据测试网络端到端呼叫连接建立时间，一般不超过 7.5s 的概率为 99%，仿真取执行时间 $t=7.5$s。

传输差错（Transmission Errors）指由于通信条件的干扰等因素发生的数据传输错误，对于这种差错采用的措施是短时间重新重复上次出错操作，传输差错故障恢复子网，传输差错模型如图 3-6 所示。

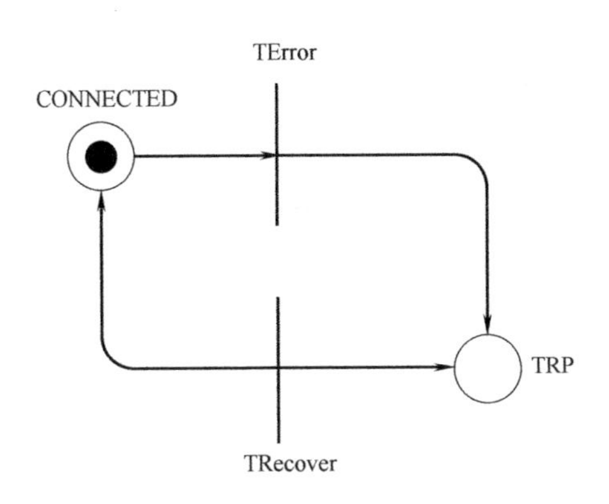

图 3-6 传输差错模型

指数分布变迁 TError 表示传输差错故障情况，传输差错概率符合指数分布规律，一般测试显示，传输恢复周期 $T_{\text{TError}}>20$s（95%）、$T_{\text{TError}}>7$s（99%）。为提高仿真精度，根据定义可知，对于该无错恢复过程时间越长越好，因此在模型建立时参数选取最优恢复周期为 20s（95%），得出指数分布参数 $\lambda_0=\frac{-\text{In}(1-0.95)}{20}=0.1498$。指数分布变迁 TRecover 表示错误恢复情况，根据 QoS 指标要求，传输干扰的周期 $T_{\text{TRecover}}<0.8$s（95%）、$T_{\text{TRecover}}<1$s（99%）。为提高仿真精度，根据定义可知，对于该出错干扰过程持续时间越短越好，因此在模型建立时参数选取最优干扰周期为 0.8s（95%），其值为 $\lambda_1=\frac{-\text{In}(1-0.95)}{0.8}=3.7447$。

用户移动终端通过相邻基站时会发生越区通信控制交接，越区切换是移动终端在通信系统控制下随机运动必然发生的事件，越区切换模型如图 3-7 所示。

在图 3-7 中，变迁 Str 表示越区切换前的通信状态，为了简化起见，设基站间距均为 30m，终端的运行速度为 300m/h，则时间分布为 $t=\frac{30\times60\times60}{300}=360$s，$\lambda_4=\frac{1}{t}=0.0278$。确定性变迁 Reconnect 表示越区切换重新建立所需要的时间参数，越区切换通信发生中断的最大时间为 0.5s，用确定性变迁 Reconnect

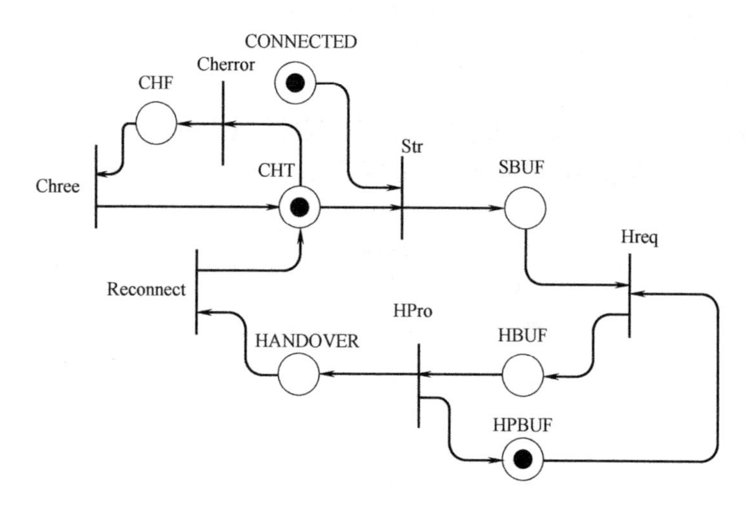

图 3-7　越区切换模型

表示固定时间延迟。指数分布变迁 HPro 是端到端通信以及信息处理过程，具有延时特性，在一般的通信系统中最大端到端延时为≤0.5s（99%），端到端延时服从指数分布规律，值为 $\lambda_5=-\frac{\ln(1-0.99)}{0.5}=9.2103$。变迁 Cherror 表示信道故障事件，变迁 Chrec 表示信道修复事件，测试相关参数，$\lambda_6=0.000002778$、$\lambda_7=0.001667$s。

3.3　模型抽象与细化

在模型检验中，抽象可以说是一个缓解状态爆炸问题最重要的方法。抽象隐藏了与验证目的无关的细节，因此抽象后的系统比较简单，但保留了验证所需要的足够信息，降低了系统验证的复杂度。抽象模型一般可以通过模拟关系获得，它的行为涵盖了（未经抽象的）原始模型的所有行为，是原始模型的近似。因为抽象模型和原始模型之间满足模拟关系，基于这种思想的抽象方法对于一些逻辑属性都是弱保持的。典型的模型抽象技术有谓词抽象、可见变量抽象、数值抽象。这些抽象方法都可以直接作用于系统高层描述之上，这样就避免了在模型检验的过程中构建太大的、未简化的实际模型而导致内存溢出的问题。

使用构造抽象模型的方法来缓解状态爆炸要解决的一个主要问题是如何来决定抽象模型的精细化程度。若抽象模型过于粗糙，则可能无法证明给定的逻辑属性。而若抽象模型太过细化，则将显著增大抽象状态空间，起不到应有的作用。如何控制抽象的细化程度，构造一个状态空间尽可能小又能够验证给定逻辑属性的抽象模型，在效率和功能之间取得平衡，是模型抽象方法面临的最大挑战之一。

3.3.1 模型抽象

随机 Petri 网模型抽象组织的目的是得到一个等价且紧凑的模型，从而减小模型的状态空间。它的代价是要进行更多的模型分析，而且最后得到的模型可能不容易理解和掌握。本节中，以 3.2 节中的建筑智能化系统的随机 Petri 网模型为例说明模型抽象组织的过程和方法。从一个详细、易理解的案例模型开始，逐步抽象。

在本节中，对 3.2 节中的建筑智能化系统的随机 Petri 网模型作以下约定：

(1) 通信系统包含多个用户终端，每一个用户终端使用标识符 q 索引；

(2) 用户终端空间是有限的，其容量为 $K_q(K_q \geqslant 1)$；

(3) 每个用户终端数据的到达为泊松（Poisson）过程，其速率为 v_q，当控制主机接收到用户终端数据容量达到极限时，数据到达中断；

(4) 对于每一个终端而言，数据通信规则是先到先服务；

(5) 通信系统包含多个服务器，每一个服务器使用标记符 s 索引；

(6) 对于用户终端 q，每一个服务器的服务时间都是随机独立的，其指数分布的随机变量为$\frac{1}{\lambda_q}$；

(7) 对于每一个服务器来说，每次只能为一个用户终端服务；

(8) 用户终端数据到达是随机的，也就是说下一个数据是哪个用户是随机的；

(9) 服务器从为用户终端 q 服务到为用户终端 p 服务的切换时间是随机独立的，其指数分布的随机变量为$\frac{1}{\lambda_{qp}}$。

以 3.2 节中的模型为例，现在有一些模型设计工作已经找到了一些规律，即可以删除模型中的全部瞬时变迁，这样做的好处是可以快速简化网络的结构，减少模型求解时 CPU 的负荷以及降低对存储的要求。需要指出的是，这个简化过程不仅删除了瞬时变迁，也可能简化状态空间，并产生更简单的系统模型。因此，需要对系统行为进行更进一步的解释。另外，瞬时变迁的删除可能需要引入更多时间变迁，并造成理解上的困难。

在删除瞬时变迁之前，需要对模型进行分析。例如在图 3-4 中，有两个瞬时变迁的实施总是连在一起的：变迁 Overtime 的实施必然引起变迁 Recover 的实施。变迁 Overtime 可实施的条件之一是库所 NEWPRO 包含标记，但是 Overtime 的实施并不改变标记，因此，变迁 Overtime 实施后，变迁 Recover 总是可以实施的。因此，STOP 是一个可以删除的库所。图 3-8 中的模型是图 3-4 模型进行抽象的结果，变迁 Overtime 和 Recover 已经重叠在一起形成新的变迁 Overtime，库所 STOP 已经删除。

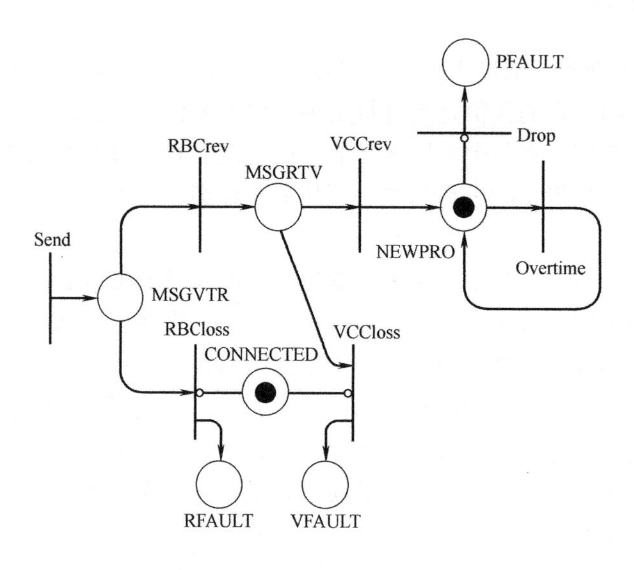

图 3-8　模型抽象示例

3.3.2　模型细化

随机 Petri 网的模型技术有多种不同的方法。简单地使用模型技术去模拟复杂的系统，势必会造成状态空间爆炸，从而无法进行系统性能分析。模型细化可以使模型变得更加紧凑，显露出原模型的子模型的独立性和相互依存关系，为模型的求解奠定基础。本节仍以 3.2 节中的模型为例，说明利用变迁可实施谓词和随机开关进行模型细化的方法和步骤。另外，本节还会讨论多服务器多任务的调试，以及控制方案的选择问题，并提供这些方案的随机 Petri 网模型。

在随机 Petri 网模型细化中，最重要的是标识出各子模型的不相关性，从而为模型的分解和分析提供基础。模型细化的最终目的是提供系统的性能分析结果。因此，模型细化应成为随机 Petri 网模型设计的必要步骤。模型细化设计方法已经在高速网络和共享资源系统模型和性能分析中得到了应用，且被认为是有效的。多任务多服务器系统是目前研究的热点方向，本节利用随机 Petri 网为多任务多服务器系统问题的模型和求解提供一个新的方法。

在本节的随机 Petri 网模型中，任务和服务的产生由时间变迁来表示，服务的速率与系统状态相关。任务进入缓冲队列和共享互斥区由瞬时变迁表示，它们均不占用处理时间，可联系随机开关。对于没有随机开关的瞬时变迁，其随机开关为1。缓冲队列由库所来表示，它们的占有程度由库所的标识表示。另外，在模型中，允许变迁设置优先级，当多个变迁同时可实施时，优先级高的优先实施，优先级低的不能实施，相同优先级的变迁的实施随机产生。瞬时变迁比时间变迁拥有更高的实施优先级。在模型中，允许变迁的实施条件用变迁的可实施谓词规定，当变迁谓词条件不满足时，变迁不能实施。对于没有可实施谓词的变迁，其可实施谓词恒为“真”。模型中的标记可以表示任务或资源。

1. 系统决策模型的细化

在随机 Petri 网决策模型中，一般利用 Petri 网的冲突结构来表现标记的分流，利用变迁的可实施谓词和随机开关来表现调度或决策方案的数字表达式和概率分配，利用变迁的实施优先级来表现各种优先方案。决策的基本模型一般由一个或多个判断库所和多个瞬时输出变迁组成。为了便于说明，以一个最简单的包含一个判断库所和两个瞬时变迁的模型为例，如图 3-9 所示。

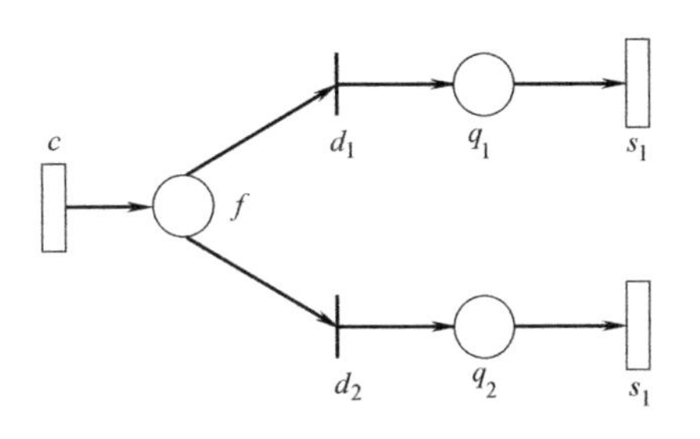

图 3-9　系统决策的随机 Petri 网模型

图中的时间变迁 c 表示任务的到来，它的实施速率为 λ，可实施谓词是 $M(q_1)+M(q_2)<b_1+b_2$，也就是队列满的时候中断任务的到来。库所 f 表示判断，它瞬时保留到来的任务，根据 d_1 和 d_2 关联的可实施谓词或随机开关，决定到来的任务放入哪一个队列。瞬时变迁 d_1 和 d_2 用来表示调度或者决策的执行，调度或者决策可以由其关联的可实施谓词和随机开关表达。队列位置 q_1 和 q_2 接收到来的任务，它的容量限定为 b_1 和 b_2。时间变迁 s_1 和 s_2 表示服务器，它有实施速率 μ_1 和 μ_2，它也可以有可实施谓词用以表示共享服务或选择处理。

变迁可以关联各种可实施谓词和随机开关，本节以随机均衡调度法、最短队列调度法、最小期望调度法三种方案为例，说明系统决策模型的细化方法。

1）随机均衡调度法

基于随机均衡调度法，瞬时变迁 d_1 和 d_2 的可实施谓词 y_i（$i=1$，2）可以写成 y_i：$M(q_i)<b_i$。

瞬时变迁 d_1 和 d_2 的随机开关 g_i（$i=1$，2）可以写成 $g_i(M)=\begin{cases}0.5，如果 M(q_k)<Mb_k，k\neq i \\ 1，其他\end{cases}$。

该方案的目的是在不依赖系统状态的情况下保持服务器负载的均衡，是最简单且最容易实现的方案。

2）最短队列调度法

基于最短队列调度法，瞬时变迁 d_1 和 d_2 的可实施谓词 $y_i(i=1,2)$ 可以写成 y_i：$(M(q_i)<b_i)\wedge(k\neq i,(M(q_i)\leqslant M(q_k))\vee(M(q_k)=b_k))$。

瞬时变迁 d_1 和 d_2 的随机开关 g_i（$i=1,2$）可以写成 $g_i(M)=\begin{cases}0.5,\text{如果 } M(q_k)=M(b_i),k\neq i\\1,\text{其他}\end{cases}$。

该方案的目的是在仅依赖系统队列状态情况下保持服务器负载的均衡。

3）最小期望调度法

基于最小期望调度法，瞬时变迁 d_1 和 d_2 的可实施谓词 $y_i(i=1,2)$ 可以写成 y_i：$(M(q_i)<b_i)\wedge(k\neq i,(M(q_i)/\mu_i\leqslant M(q_k)/\mu_k)\vee(M(q_k)=b_k))$。

瞬时变迁 d_1 和 d_2 的随机开关 g_i（$i=1,2$）可以写成 $g_i(M)=\begin{cases}0.5,\text{如果 } M(q_k)/\mu_k=M(b_i)/\mu_i,k\neq i\\1,\text{其他}\end{cases}$。

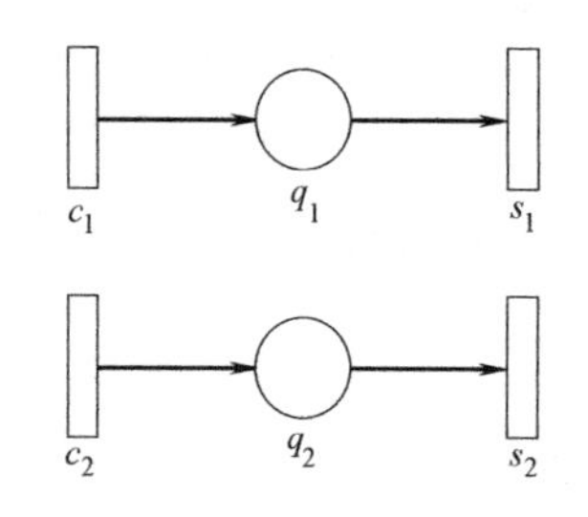

图 3-10　模型细化等价模型

该方案的目的是在不仅依赖系统队列状态，而且考虑服务处理时间的情况下，保持服务器负载的均衡。

对于这些方案的模型细化，可以得到如图 3-10 所示的等价模型。

2. 共享服务模型的细化

在随机 Petri 网共享服务模型设计中，一般利用 Petri 网的同步冲突结构来表现标记的限定流动，利用随机 Petri 网变迁的可实施谓词和随机开关来表现共享服务方案的数学表达式及概率分配。共享服务的基本模型包含一个共享库所和多个瞬时同步输出变迁，如图 3-11 所示。为了简化说明，图 3-11 仅包含一个共享位置及两个瞬时同步变迁。

在图中，时间变迁 c_1 和 c_2 表示任务的到来，它有实施速率 λ_i，它的可实施谓词为 $M(q_i)<b_i$。位置 r 表示空闲服务器，它停留着共享服务器标记，根据变迁 d_1 和 d_2 关联的可实施谓词和随机开关来决定为哪一个队列的任务服务。瞬时变迁 d_1 和 d_2 表示共享同步和选择的执行，选择的方案可由所关联的可实施谓词和随机开关表达。队列位置 q_1 和 q_2 接收到来的任务，它的容量分别限定为 b_1 和 b_2。时间变迁 s_1 和 s_2 表示服务器进行的服务，它们的实施速率分别为 μ_1 和 μ_2。位置 ω_1 和 ω_2 表示服务器进行工作。

变迁可以关联各种可实施谓词和随机开关，本节以随机均衡调度法和最小服务时间调度法为例，说明共享服务模型的细化方法。

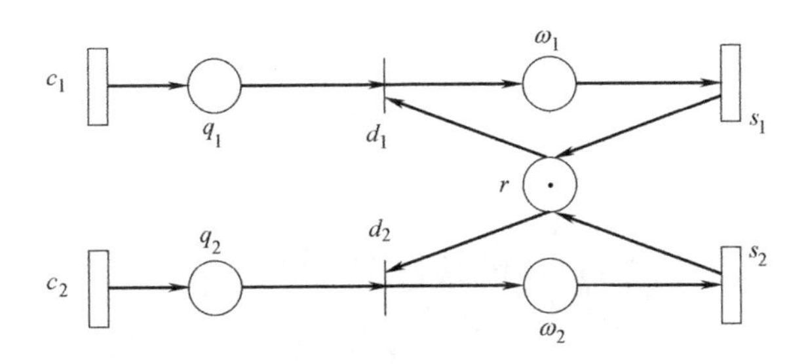

图 3-11 共享服务的随机 Petri 网模型

1）随机均衡调度法

基于随机均衡调度法，瞬时变迁 d_1 和 d_2 没有可实施谓词。瞬时变迁 d_1 和 d_2 的随机开关 $g_i(i=1,2)$ 可以写成 $g_i(M)=\begin{cases}0.5, 如果 M(q_k)>0, k\neq i \\ 1, 其他\end{cases}$。

这个方案均衡对待任何类型任务的服务。

2）最小服务时间调度法

基于最小服务时间调度法，假定时间变迁 s_1 和 s_2 有不同的服务时间，即 $\mu_1\neq\mu_2$，且令 $\mu_1>\mu_2$，瞬时变迁 d_1 没有可实施谓词，d_2 的可实施谓词可以写成 $y_2: M(q_1)=0$。瞬时变迁 d_1 和 d_2 没有随机开关。

对于这两个方案细化，可以得到与图 3-10 相同的等价模型。通过模型细化，可以清楚地划分子模型、描述子模型的竞争共享关系。

3.4 系统的性能分析

本节将对 3.2 节中的模型在 TimeNet4.0 中进行性能仿真测试。

我们在一台服务器中实现仿真测试，服务器硬件配置为 8 核处理器，16G 内存，采用动态瞬时仿真方法。仿真时间设置为 60s，表 3-1 列出了传输延时的仿真条件。

仿真实验的相关网络参数 **表 3-1**

参数	数值
网络带宽	1Gbit/s
请求服务次数	1000
通信周期	200ms
数据长度	256bit

图 3-12 反映了正常通信模型中网络状态的概率曲线，可以看出，在仿真过程中，正常工作的概率接近 100%。

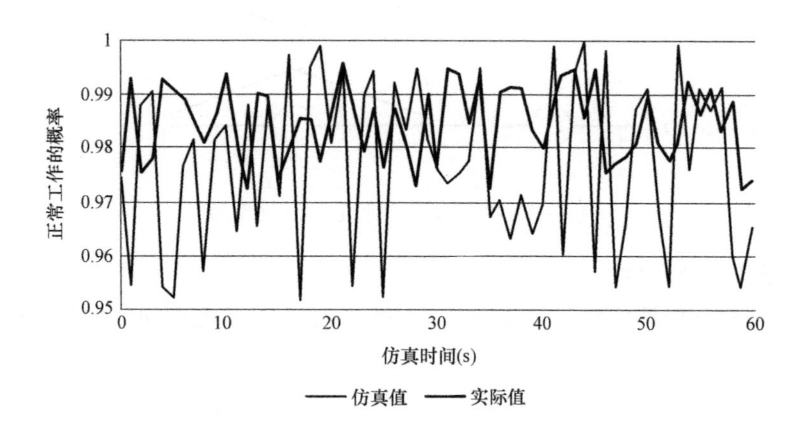

图 3-12　正常工作的概率

图 3-13 反映了传输差错模型中库所 TRP 状态的执行概率，从仿真曲线可以看出，当结束时间 $t=60$s 时，TRP 的平均概率为 0.0027，即通信传输出错的平均概率为 0.0027。

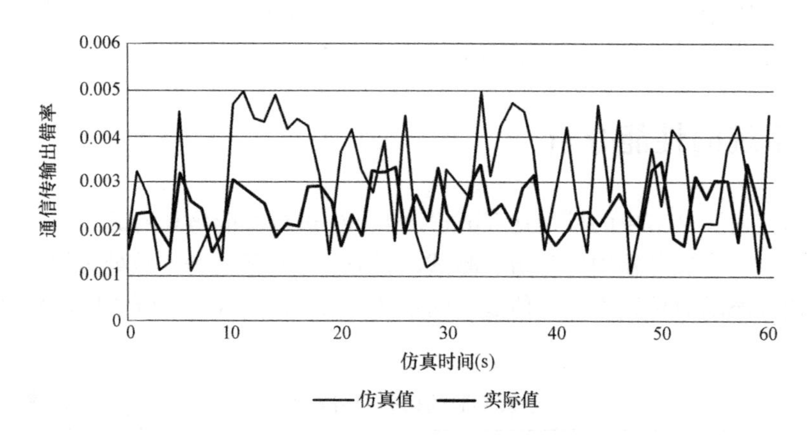

图 3-13　通信传输出错率

图 3-14 反映了越区切换模型中库所 CONNECTED 的执行概率，从仿真曲线可以看出，在整个过程中，系统能够正常完成越区切换的概率均大于 95%。

另外，从图 3-8～图 3-10 中可以看出，基于随机 Petri 网模型的仿真结果与实际系统中测得的数值偏差很小，可以证明，此方法有良好的准确性。

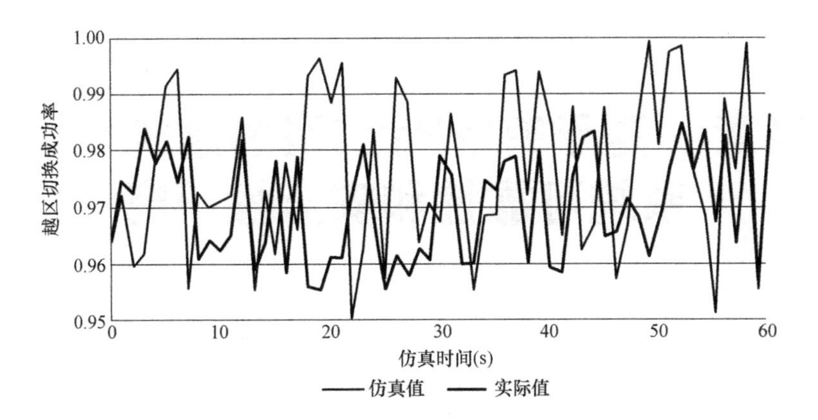

图 3-14 越区切换成功率

第4章　基于有色Petri网的建筑智能化系统可靠性和安全性研究

4.1　有色 Petri 网

当使用传统 Petri 网对复杂系统进行建模时，其模型往往具有节点多、规模庞大且复杂的问题。目前，随着 Petri 网理论的不断发展与完善，高级 Petri 网理论逐渐被提出并且广泛应用在实际问题中。有色 Petri 网（Colored Petri Net，CPN）就是其中之一，其中应用最为广泛的是由 Kurt Jensen 提出的 CPN 模型。

有色 Petri 网与传统 Petri 网相比，增加了数据结构和分层分解的概念。同时还具有类似编程语言的优势，能够完成大型复杂系统建模中的数据类型定义和数据处理。所谓“有色”，就是对传统 Petri 网中具有相同类型令牌值的库所进行合并，用一个拥有颜色集的库所实现对相同类型数据的定义，从而实现 Petri 网模型中节点的简约，有效减小了其状态空间，提高了分析效率。同时有色 Petri 网还引入了分层的概念，即通过大型系统功能模块的划分，建立功能子模型，然后再通过相应的接口，以层次化结构把它们关联起来的思想。该方法也有效化简了模型的复杂度，以分而治之的结构特点提高了模型的可视化程度。另外，有色 Petri 网可以使用它编写状态空间节点搜索函数，用以检验系统中某些特有的属性，从而提高模型的验证效率与灵活度。

4.1.1　有色 Petri 网形式化定义

如图 4-1 所示，有色 Petri 网的基本结构通常由输入库所 p_1、输出库所 p_2、变迁 T，以及连接库所和变迁的有向弧 Arc 组成。每一个库所标识都有自己的数据类型，用颜色集表示。同一库所中的所有令牌（Token）均属于同一颜色集，即同一数据类型。初始标识 I 代表了该库所初始状态时的令牌值。变迁 T 表示系统事件，它的触发可以引发系统的状态改变。但变迁 T 的触发会受到防卫函数 $G(t)$，以及弧函数 E 的制约，即当输入库所 p_1 中包含令牌值后，该令牌的流动不仅要遵循弧函数 E_1 定义的规则，且其输出结果还要满足防卫函数 $G(t)$，才能从 p_1 中流出，再依照弧函数 E_2 定义的规则流入输出库所 p_2 中。其中防卫函数 $G(t)$ 是一个布尔开关量，当且仅当 $G(t)$ 值为真时，变迁 T 才会被触发，引发系统的状态改变。

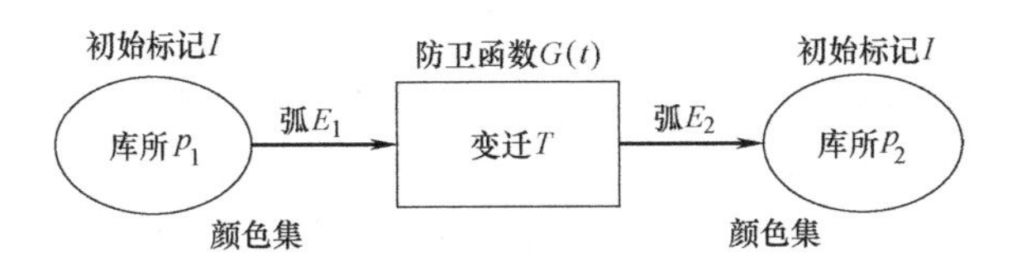

图 4-1　有色 Petri 网的基本结构

在定义 CPN 之前，首先需要介绍一下多重集的相关概念。

定义 4.1　设 S 为非空集合，IN_0 为非负整数集合，多重集 m 从 S 到 IN_0 的函数映射关系叫作 S 上的多重集（Bag 或 Multi-Set），记为 $m \in [S \rightarrow IN_0]$，其中 $m(s) \in IN_0$ 代表元素 s 在多重集 m 中出现的次数。为简便起见，使用 $\sum_{s\in S} m(s)'s$ 来代表一个多重集 m。在集合论中一般使用 S_S 表示集合 S 所有子集组成的集合，因此用 S_{MS} 来表示集合 S 上的所有有限多重集所构成的集合。

设 $m \in S_{MS}$ 为 S 上任一多重集，由定义 4.1 可知，对于任意的 $s \in S$，$m(s) \in IN_0$，从而 m 由 S 中元素的一次式 $\sum_{s\in S} b(s) \cdot s$ 唯一确定。这一关系可记为：$b = \sum_{s\in S} b(s) \cdot s$ 。

由于 $m(s) \in IN_0$，$\sum_{s\in S} b(s)$ 是非负整数，称为 b 的重数，记作 $|b|$。多重集可以进行加法、减法、比较以及与数的乘法等简单运算。

下面给出有色 Petri 网的形式化定义。

定义 4.2　有色 Petri 网定义为九元组 $CPN=(\Sigma, S, T, F, N, C, G, E, I)$ 并满足如下条件：

（1）Σ 是一个有限非空类型的集合，称之为颜色集；

（2）S 是库所的有限集；

（3）T 是变迁的有限集；

（4）F 是有向弧集合，并满足条件 $S \cap T = S \cap F = T \cap F = \varnothing$；

（5）N 是节点函数，定义为 N：$F \rightarrow (S \times T) \cup (T \times S)$；

（6）C 是颜色函数，定义为 C：$S \rightarrow \Sigma$，即库所到颜色类型的映射；

（7）G 是防护函数（guard），定义为变迁到颜色表达式的映射，并满足条件 $\forall t \in T$：$Type[G(t)] = B \wedge Type[Var(G(t))] \subseteq \Sigma$，其中 Var 为颜色变量的集合，$Type(Var)$ 为变量集的类型集合，即 $Type(Var) = \{Type(v) | v \in Var\}$；

(8) E 是弧表达式函数，定义为有向弧到颜色表达式的映射，并满足条件 $\forall f \in F: Type\ [E(f)] = [C(s(f))]_{MS} \wedge Type[E(f)] \subseteq \Sigma$，其中，$s(f)$ 表示节点 $N(f)$ 的库所，$Type[E(f)] = [C(s(f))]_{MS}$ 表示任一个弧表达式的函数值一定是定义在关联于 f 的库所 $s(f)$ 颜色集之上的多重集，$Type[VarE(f)] \subseteq \Sigma$ 表示任一个弧表达式的变量类型一定属于颜色集 Σ；

(9) I 是初始化函数，定义为库所到颜色集幂集的映射，并满足条件 $\forall s \in S: Type[I(s)] = [C(s)]_{MS}$。

进行有色 Petri 网的计算机模拟和计算时，CPN Tools 是使用较多的软件平台。CPN Tools 具备图形化的编辑界面和编程语言，可以通过软件工具对系统动态运行过程中的数据进行监视和捕捉，从而为计算机的在线计算奠定了基础。

在 CPN Tools 中，支持的简单颜色集有：单元型 Unit、整型 Int、布尔型 Bool、字符型 String、枚举型 Enumerated、索引型 Index。复合颜色集有：乘积型 Product、记录型 Record、列表型 List、合并型 Union、子集型 Subset、别名型 Alias。时间类型颜色集的声明格式是在普通声明语句后加上 timed，如 colset Serve = with server timed 表示带时间戳的枚举型，$c@t$ 表示为颜色 c 贴上一个时间戳 t，$ms@+i$ 表示为 ms 增加一个时间延迟 i。后引号（`）是颜色集的构造符号，$i`c$ 表示 i 个颜色 c。一般地，单元型变量的默认值记为（），空列表记为 nil 或 []，$e::l$ 表示取队列 l 的队头元素，l_1 ^^ l_2 表示连接两个字表为一个表，且 l_2 的队头在 l_1 的队尾之后。

4.1.2 有色 Petri 网的动态属性

有色 Petri 网的状态空间是由系统所有可达状态节点组成的有向图，所以又可以将其称为事件图、可达图或可达树。因此，系统的状态空间会包含它所有的动态属性和事件系列。通过一定的规则，遍历状态空间中的节点，就可以验证该系统模型是否存在相应属性，以及生成该属性的逻辑路径是否正确。系统动态属性一般分为领域相关属性与领域无关属性。领域无关属性通常是指系统的基本属性，如 Petri 网模型的结构特性——可达性、有界性等，可以通过 CPN Tools 生成的状态空间报告得出；领域相关属性，即需要结合相关的领域知识，以及所构建模型的系统功能需求特性得出它所需要验证的属性，并用相应的模型语言编写所期望的属性函数及便利规则，然后搜索其状态空间节点，看满足所期望属性的节点是否存在，这种验证模型特性的方法一般被称为模型检验。本节将首先给出模型的基本动态属性及其含义。

1. 可达性（Reachability Property）

可达性是 CPN 的基本属性，定义其状态空间中的一些标识是否可达。从标

识 M_0（初始标识）开始，依据一定的实施规则，触发使能变迁，使 CPN 模型进入新的状态 M_1，就称 M_1 为 M_0 的可达标识。如果 M_0 经过一系列变迁动作到达 M_i，则称M_i 从 M_0 可达。从 M_0 出发在有限步内可达的所有标识，称之为可达标识集。

2. 有界性（Boundedness Property）

有色 Petri 网的有界性是指模拟系统在运行过程中对容量的要求，也即 CPN 库所内的令牌个数的最大值与最小值。库所容量的引入对整个网系统起着约束作用。在模型中，对于每一个库所P 内的令牌总数都存在一个非负整数 k，无论变迁如何动作，该库所 P 内的令牌总数都不会大于 k，就称该库所有界。在系统运行中，库所为了争夺发生权，有时会发生冲突冲撞现象，库所容量的限制就能很好地约束它们的发生。当有变迁同时发生或当系统存在冲撞现象，容量的约束就会让它们只有一个或多个发生，其他库所只有等待其发生后，才会获得发生权。从定义来看，有色 Petri 网对每个库所容量是不限制的，但只有当库所中的托肯总数不大于有界的最大容量，才能使系统正常运行，该有色 Petri 网才是有界的。只有证明了有色 Petri 网有界，才能对其他性质作出说明，所以说，有色 Petri 网有界是研究 Petri 网验证的基础。

3. 家性（Home Property）

家性描述的是状态空间中存在的那些总会被抵达的状态标识，以及抵达该家性标识后，系统可重复运行的状态节点。

4. 活性（Liveness Property）

如果一个或一组变迁不能被触发时，则说明该变迁没有活性，即死的（dead）。倘若系统模型中存在这样的死变迁，就认为该系统没有活性。

5. 公平性（Fairness Property）

公平性描述的是系统的无饥饿状态，即当一组变迁被触发，竞争同一库所内的令牌资源时，每一个变迁使能（竞争到资源）的概率都是均等且公平的，不会出现在执行某项任务时，一些变迁因争抢不到资源而永远无法被触发的情况。

6. 死锁（DeadLock）

进程的推进顺序不当及对有限资源的争夺可能会构成无限循环的局面，这就是死锁。死锁的出现不仅会浪费很多必要资源，还可能会造成整个或部分系统瘫痪，甚至在有些情况下还可能会造成灾难性的后果。因此，为了使系统安全地运行，有效地解决死锁及避免死锁都是必须考虑的问题。

4.1.3　有色 Petri 网建模方法

CPN 之所以适合对复杂系统进行，是因为除了引入编程语言和颜色集外，CPN 还支持对系统分层、分模块进行建模。分层有色 Petri 网（Hierarchical

Colored Petri Net，HCPN）是将系统分为不同的层次，优化模型的结构，更为详细地描述系统功能。上层模型描述系统的顶层框架，下层模型描述各个模块的具体功能，同时在下层模型中还可以继续往下拓展其子网模型。多层次的模型使得系统结构得到简化，模块化的建模思想也使得模型更易于观察和理解。

上层网络和下层网络通过替代变迁和库所融合两种方式实现信息交互。替代变迁是将上层网络中的一个变迁行为拓展成为一个独立的下层网络。在下层网络中可以对上层变迁行为进行更加细致的描述，扩充模型的内容。融合库所指的是定义一个库所集合，该集合中任意一个库所发生状态变化都会引起其他库所的状态进行相同的变化，这些库所是功能一致的。融合库所有利于不同层级的网络之间的连接，也可以简化同一层级的网络结构。HCPN 建模的方法主要有两种：自顶而下的开发方式和自底而上的开发方式。自顶而下的方法是从系统的整体出发，先建立系统的整体模型，然后利用替代变迁将需要细化的部分拓展成为一个新的子网，丰富系统的功能，形成一个完整的系统模型。自底而上的方法是先根据系统中各个子模块完成独立的子网模型，然后利用替代变迁将这些子网整合成顶层网络，完成系统的整体模型。

4.1.4 建模工具 CPN Tools

CPN Tools 是美国国家航空航天局和丹麦奥胡根大学共同开发，基于有色 Petri 网的形式化分析仿真软件，是有色 Petri 网领域中著名且唯一的计算机软件。该软件以网状结构标识元素之间的依赖关系。在创建模型时，CPN Tools 会自动进行语法检查，并通过对模型进行不同颜色的显示，动态地给用户反馈语法检查状态及错误信息。同时 CPN Tools 的快速仿真模拟器还给用户提供了观测模型动态运行的窗口。用户可以在模拟器中以节点的形式，查看模型的局部状态，以及该状态节点生成后继节点时模型的动态变化。CPN Tools 除了为用户提供建立可执行模型的强大能力外，更为重要的是，它自带的工具包可以对所建模型进行形式化分析与验证，从而保证模型的功能逻辑的无二义性及正确性。

CPN Tools 在建立模型时的优势如下。

（1）基于图形用户界面（GUI）的人机交互方式。用户可以通过拖拽的方式对模型中的变迁、库所、弧等进行编辑。同时 CPN Tools 还能使用元语言（Meta Language，ML）编程，并能够自动检验语义正确性。

（2）实用的工具包。CPN Tools 中含有大量的工具包，如创建工具、辅助工具、监视工具等，这些工具包能够帮助用户完成模型的搭建和分析。

（3）支持动态仿真。CPN Tools 可以动态地运行建立的网络模型。用户不仅可以根据需要设定模型运行的步数，也可以让模型运行一定次数，观察多次运行的结果。

（4）便捷的模型分析工具。CPN Tools 可以对局部或者整体模型自动产生状态空间报告，便于用户分析系统的状态特性，如有界性、活性、可达性、公平性。同时，CPN Tools 还支持设立不同的变量和函数用于模型的性能分析，检查模型的正确性。

用户可以根据自顶而下或自底而上的建模方法，利用可视化的操作工具完成系统模型的搭建；然后，利用动态仿真工具动态运行 CPN 模型，验证系统工作的具体流程；最后，对模型的状态特性和性能进行分析，检验模型的正确性。

4.2　基于有色 Petri 网的建筑智能化系统结构和任务

4.2.1　基于有色 Petri 网的建筑智能化系统研究意义

近年来，由于网络技术和建筑智能化应用的快速发展以及各种需求的推动，建筑智能化系统网络正趋向于接入网络从而变得更加开放。在我国，一些楼宇控制系统、HVAC 系统等建筑智能化系统厂商通过网络进行远程监测和维护以降低服务成本提高售后服务质量；物业管理公司亦通过网络对处于不同地区的楼盘进行远程监管；国内越来越多城市将主要公共建筑和社区的消防、安防系统均接入网络从而与城市统一远程监控平台联网，以便更加有效地应对突发火灾和安全事故，减少生命财产损失。然而，建筑智能化系统与网络互联的同时也带来了诸多网络问题，特别是控制信息的实时性问题。此外，随着现代建筑智能化系统越来越复杂，其网络体系也变得庞大和复杂，而目前智能建筑中网络信息的实时性监测环境又很缺乏，因此建筑智能化系统控制网络的安全性和可靠性问题迫切需要被研究和解决。从学术方面来看，系统状态空间爆炸问题是建筑智能化系统的有色 Petri 网建模中迫切需要解决的问题，建筑智能化系统网络体系的复杂性将导致其模型的存储空间和计算复杂度的指数增加，从而限制甚至导致模型难以求解和验证。其次，建筑智能化系统有色 Petri 网建模与验证技术问题仍未从根本上得到解决。目前的研究集中于有色 Petri 网的建模阶段的主要原因在于没有从理论上解决复杂系统的有色 Petri 网建模求解问题，以致对复杂模型的全面验证难以实现。

基于有色 Petri 网的建筑智能化研究的实际意义和理论意义如下。

1）实际意义

基于有色 Petri 网的建筑智能化研究将有利于整个建筑智能化网络系统的安全，有利于对建筑智能化系统网络体系中信息的安全性以及可靠性进行全面验证，能有效降低系统维护成本。然而，对多数系统而言，这种方法并不理想。因为每一次利用新的漏洞进行渗透时，都可能在漏洞被弥补之前就已经造成了重大损失。创建和发布补丁不仅需要费用，而且有可能会失去用户的信任。另外，补丁本身同样可能存在安全威胁。更为重要的是，如果在此阶段才发现系统未满足可靠性要求，修改的代价将巨大，对错误的事后处理费用要比提早处理所需要的费用高近 200 倍。

2）理论意义

基于有色 Petri 网的建筑智能化研究将为复杂系统有色 Petri 网的建模与分析提供新的理论基础。建筑智能化系统网络体系是一个复杂、多层次的系统，系统存在复杂的并发、同步、异步等行为，同时系统网络拓扑的复杂性、数据帧传输延时、故障产生与系统恢复的不确定性和多种网络协议的集成性等特点进一步加大了系统分析的难度。建筑智能化系统网络体系本身的复杂性迫使课题深入研究复杂系统有色 Petri 网建模中的分解、压缩、流等价替换等理论问题。其研究成果将为复杂系统有色 Petri 网的模块化、层次化与逐步精化建模理论提供新的思路，为复杂系统有色 Petri 网建模提供理论指导。

4.2.2 基于有色 Petri 网的建筑智能化系统结构和任务

基于有色 Petri 网的建筑智能化系统的总体研究框架如图 4-2 所示，其结构分为三个部分。第一部分是研究基础，即建筑智能化系统控制网络的有色 Petri 网模型构建。将颜色集约束融入经典 Petri 网中，并定义进行形式化语义，消除歧义并构建模型，并给出真实性场景、功能需求和性能需求，这是项目的理论基础。第二部分是实时性检验算法的研究，是复杂系统中保障安全的核心，是项目研究的关键问题。第三部分是实时性约束违背的保护机制，一旦出现非法信息

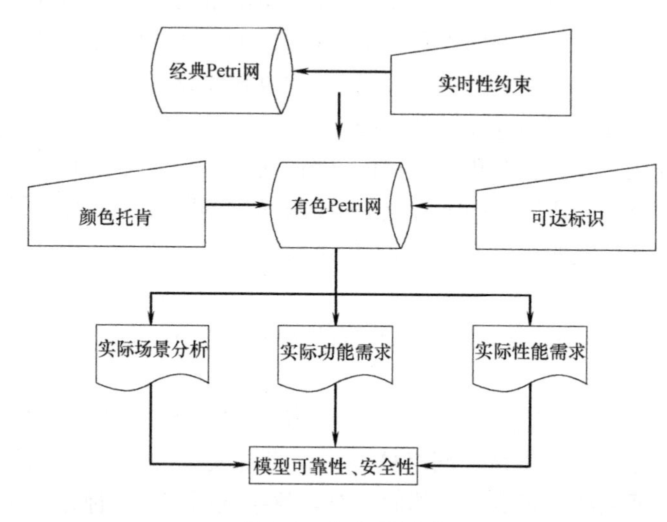

图 4-2 总体框架图

流，系统应该确保其安全性不被侵害，防止非法信息造成损失和破坏。

目前的智能建筑领域中，信息传输最重要的衡量指标就是可靠性和安全性。例如，在应急管理、自动报警、实时监控等应用方面，即使通信系统在负荷较重的时候，也不能允许发生错过时限，否则会造成重大损失或危害；任务调度策略是直接影响稳定性能的因素，强稳定系统和其他系统的实现区别主要在选择调度算法和决策分析上，良好调度的算法足以符合强稳定系统的要求，而且可以满足对于系统安全性以及可靠性的需求。有色 Petri 网建筑智能化系统的主要任务是全面保护建筑智能化系统网络安全，站在整体高度从全局出发研究用有色 Petri 网建立建筑智能化系统控制网络体系的模型，并对其可靠性和安全性进行分析与验证。

4.2.3　基于有色 Petri 网的建筑智能化系统的结构和任务的基本假设

基于有色 Petri 网的建筑智能化系统的结构和任务的基本假设如下。

(1) 将建筑智能化系统中所有的工作单元以及通信都看成是系统的固有资源，假定系统中一共有 m 项资源，并且在某一给定时刻，各个资源都有可以被利用、被占用以及不可占用三种状态，每一个资源在同一时刻仅能被一个任务所利用，每一个资源分配给各任务的服务时间是一定的，用 r_{is} ($i=1$，2，3，…，p) 表示。

(2) 假设系统中一共有 n 项不同的任务，并且所有的任务的到来时刻都是随机的，例如建筑物中，火灾自动报警系统的烟雾报警器始终是处于预警状态，当某一随机时刻，烟雾浓度过高，超过烟雾报警器阈值，烟雾报警器在这时刻才能够开始报警工作，尽管任务过程的时间长度能够预测出来，但是任务开始的时刻并不能确切地展现出来。

(3) 由于建筑智能化系统对可靠性以及安全性要求较高，所以在系统设计的过程中要采取相应的重构策略。也就是说，一个任务能够在几种不同的执行方案之下执行，各种执行方案按照效率的次序依次排行，当任务发生时，首先按照其排列次序最前的方案进行工作，如果此方案中所用的资源被其他任务占用或者已经失效，则转换到按照下一个方案进行工作，以此类推，直至所有方案都不能执行该任务时，则此任务不可完成。对于某一任务，只要其所有的可执行方案当中有一种方案所需资源均可以利用，则该任务就能够被执行。假设系统中每个任务均有 k 种可重构方案。

(4) 系统资源的寿命分布是任意的，即除了有指数分布之外，还有正态分布以及成败型分布等，对于非指数分布的资源，由于其状态具有记忆性的特点，从而使得部件的累计工作时间对其可靠性产生绝对性的影响。这样的系统其寿命分布是非指数型的分布，可对其建立理论可靠且方法可信的建筑智能化设施以及可信性、可靠性评价模型与算法，开发便于在智能建筑物中应用的可靠性高、安全性强的系统。

4.3 系统可靠性和安全性建模

由于建筑智能化系统中有大量不确定和不完整因素，其整体工作情况也是无规律、毫无可预见性的，是一种在时间和空间上都处于离散状态的离散事件动态系统。为了使离散事件系统变得更加简明直观，以有色 Petri 网作为描述数学对象的图形工具，不仅提供了形式化的建模工具，还提出了一套基于其原理的分析方法。所以，有色 Petri 网可以很好地胜任动态离散事件系统建模和仿真。

当有色 Petri 网作为工具来表达离散事件时，可以把模型系统中的实体解释成有色 Petri 网中的库所与托肯。事件可抽象成有色 Petri 网的变迁，活动可以用有色 Petri 网中库所到变迁或变迁到库所的有向弧来体现。进程就和 Petri 网中的进程类似。

要建立建筑智能化系统任务可靠性、安全性的模型，在模型当中必须能够反映出系统资源的分配状态，也就是说，资源是可利用、被占用还是处于失效状态以及每个资源的累计使用时间，而且还要反映出每一个任务的资源组合方案以及排列的先后顺序。对此，余姚对 Petri 网进行进一步拓展，并定义其为具有记忆标识的有色 Petri 网。

定义 4.3　一个具有记忆标识的有色 Petri 网定义为二元组 $MCPN=(CPN, f)$。其中：

(1) $CPN=(P, T, F, C, I_-, I_+, M_0)$ 是有色 Petri 网；

(2) $f=P \rightarrow R$ 是一个映射，每一个资源库所 $p_i \in P$ 有一个标记值$M(p_i)$，反映资源的累计工作时间，当资源每提供一次服务，其累积的工作时间增加 r_{is} $(i=1,2,\cdots,p)$，其中 r_{is} 设为资源的服务时间。

4.4 系统任务可靠性和安全性估计

4.4.1 任务初始时刻的资源可靠性和安全性分析

在任意一个任务的初始时刻，建筑智能化系统中的每一个资源的状态以及资源的累计工作时间均相应确定，从而可以求得每一个资源在当前时刻的可靠性程度以及安全性程度。对于指数分布型资源，只要是判断为可用资源，其任务的起始时刻的可靠度与安全度就与累计工作时间无关，为常数 1；而对于非指数分布型资源，当其可利用时，任务起始时刻的可靠度和安全度则为累计工作时间的函数，具体可以表示为：

$$R_{ri}(t)=e^{\left[-\int_{0}^{T_{ri}}\lambda_{ri}(t)\mathrm{d}t\right]} \tag{4-1}$$

其中，T_{ri} 表示资源 r_i 的累计工作时间；$\lambda_{ri}(t)$ 表示资源 r_i 的失效率函数。

对于已经开始工作的系统来说，每一个资源的累计工作时间能够被记录。而对于设计阶段的系统，能够根据每个任务的出现分布函数以及每个任务对资源的使用的概率进行可靠性和安全性的估计与计算。

4.4.2 单一任务的可靠性和安全性分析

单一任务的可靠性和安全性是所有该任务的各个执行方案中一种或多种可执行的概率，用 S_{ij} 表示任务 i 可以采用其第 j 种资源组合的方案来执行，则任务 i 在到来的时刻的可靠度和安全度为：

$$R_i(t_0)=P\{\bigcup_{j=1}^{k}S_{ij}(t_0)\} \tag{4-2}$$

在得到每个资源在任务的起始时刻的可靠性和安全性的基础上，根据每个任务的概率分布来估计各个资源在当时的具体状态，各个资源在该时刻的实际可靠度为式（4-1）计算所得到的值与不被占用比率的乘积，之后利用网络的可靠度与安全度求解方法中的最短路径法来进行每个任务的可靠度求解。在建筑智能化系统中，任务复杂以至于难以利用解析法求解时，即可利用式（4-2）的模型进行仿真来求得单一任务的可靠性和安全性。

4.4.3 有色 Petri 网模型的性能验证方法

通过采用有色 Petri 网中的动态行为分析及性质来对有色 Petri 网模型进行验证，其方法主要有覆盖技术、库所不变、变迁不变、进程的方法、可达树、死锁、有界性及可逆性等。

（1）可达树和可达图

如果有一个具有记忆标识的有色 Petri 网，那么肯定会有表达其可能到达的所有集合并展现其各种关系的树形图。通过可达树，可以很清晰地看出系统的流动状态，用来说明安全性、死锁及有界性等性质。

（2）不变量分析技术

库所不变对 Petri 网中托肯总数作出了一种加权守恒的反映，一般用来分析死锁原因和互斥行为等。变迁不变表示当有变迁发生后，有色 Petri 网中的有些标识会回到初始状态，表示可能让状态还原的变迁集合。一般使用其来解释有色 Petri 网周期性等性能。

(3) 关联矩阵的动态分析

提出事物的两个重要因素，作为管理根据，对其进行分类，再放在一起进行关联分析，从中找出一种分析管理方法，称为象限图分析法。在矩阵中，属性 A 为 X 轴，属性 B 为 Y 轴，在矩阵的轴上按某要求进行刻度划分，分割为四个象限，将需要分析管理的主要内容对应投影到四个象限。通过此方式，可直观地说明属性之间的相关性。

4.5 相关问题讨论

4.5.1 火灾自动报警系统的可靠性与安全性分析

以建筑内火灾疏散系统为例进行方法说明。

火灾是一种违反人们意识，并在时间和空间上失去控制，给人类带来灾害的燃烧现象。火灾的发生与发展的整个过程是十分复杂的，影响因素也很多。火灾自动报警系统是实现火灾早期探测、发出火灾报警信号，并向各类消防设备发出控制信号，进而完成各项消防功能的系统，一般由火灾触发器件、火灾警报装置、火灾报警控制器、消防控制室图形显示装置等组成。

对于建筑智能化系统来说，使用自动消防系统对控制火灾的发生与增长具有重要意义。建筑内往往具有较大的火灾负荷，且火灾发展迅速。单纯依靠外来消防队扑灭火灾，往往会延误时机。加强建筑智能化系统的火灾自防自救能力已经成为现代消防的基本理念，而自动火灾探测和灭火系统是实现这种功能的两种基本手段。

建筑智能化系统的火灾自动报警的基本形式有：区域报警系统以及控制中心报警系统。区域报警系统主要由区域火灾报警控制器和火灾探测器等组成。

本节的建筑智能化系统的火灾自动报警系统中，加入一种管理疏散的算法。该管理疏散算法建立在遗传算法基础之上，是以自然选择和遗传理论为基础，将问题看作是群体的每一个个体，根据适应度函数对其进行考察，采用适者生存的原则，不断得到优化群体，进而求得满足需求的最优解。本次实验建立在遗传算法的基础上，并且加入着色因素，进而改进原算法为管理疏散算法，达到优化 Petri 网模型、提高疏散效率的目的。管理疏散算法流程如下。

1. 编码

针对疏散起始、疏散完成的时间因素，以及疏散通道信息、人员信息的颜色集进行编码，假设建筑物内存在 N 个疏散通道，每个通道一共 M 个人员正在疏散，编码格式如下：

$$[h_{11},g_{11},\cdots,h_{1M},g_{1M}]\cdots[h_{N1},g_{N1},\cdots,h_{NM},g_{NM}]$$

其中，h_{NM} 表示第 N 个人进入第 M 个通道开始疏散，g_{NM} 表示第 N 个人离开第 M 个通道疏散完毕。

2. 确定适应度函数

根据建筑火灾规范的疏散时间以及通道疏散人员数量等要求，建筑火灾疏散的适应度函数为：

$$
\begin{aligned}
P = & \max\left\{\sum_1^N \sum_1^M (r'_{NM}-r_{NM}) + \sum_1^N \sum_1^M (c'_{NM}-c_{NM})\right\} + \\
& \max\left\{\sum_1^N \sum_1^M (d'_{NM}-d_{NM}) + \sum_1^N \sum_1^M (j'_{NM}-j_{NM})\right\}
\end{aligned} \tag{4-3}
$$

r'_{NM} 与 c'_{NM} 分别为第 N 个人在第 M 个通道进入和离开疏散通道的实际时间；r_{NM} 与 c_{NM} 分别为第 N 个人在第 M 个通道进入和离开疏散通道的计划时间；d'_{NM} 与 j'_{NM} 分别为第 N 个人在第 M 个通道进入和离开疏散通道的实际人数；d_{NM} 与 j_{NM} 分别为第 N 个人在第 M 个通道进入和离开疏散通道的计划人数。

3. 处理约束条件

根据建筑物火灾疏散的特点，采用无参数的罚函数进行约束条件的处理，有开始疏散时间约束、结束疏散时间约束、疏散人数约束，罚函数分别取 $Q_1(x)$、$Q_2(x)$ 以及 $Q_3(x)$，并根据平均适应度确定惩罚因子，适应度函数设为 Z，具体如下：

$$
F'(x)=\begin{cases} F(x), \text{满足约束条件} \\ F(x)-Q(x), \text{不满足约束条件} \end{cases} \tag{4-4}
$$

$$
Z=P-Q_1(x)-Q_2(x)-Q_3(x) \tag{4-5}
$$

$$
F(x)=\frac{f(x_i)}{\sum_1^N f(x_i)} \tag{4-6}
$$

$f(x_i)$ 为个体 x_i 的适应度，$F(x)$ 为符合疏散规范的概率，如果符合疏散要求，概率逐渐提高，方案将会被扩大。疏散管理算法流程如图 4-3 所示。

在介绍疏散管理算法后，给出建筑智能化火灾自动报警系统的整体流程。

第一步：建立基于颜色 Petri 网的建筑火灾疏散模型。

第二步：对上述模型运用管理疏散算法，通过算法计算合理安排人员疏散，对颜色 Petri 网疏散模型进行优化调整，根据建筑区域内人员年龄、性别等实际情况设置模型的颜色集和个数，并求解模型的关联矩阵的库所不变量情况，判断 Petri 网模型的活性、有界性以及可达性。

第三步：对上述模型进行仿真实验，将所得实验结果与不同实验方法所得出的结果进行对比，验证本书算法的可达性。

第四步：针对每一区域提出疏散时间最短、效率最高的疏散方案，并分析该方案中不同性别、年龄人员选择疏散通道的差异以及如何分配疏散能够达到最优的情况。

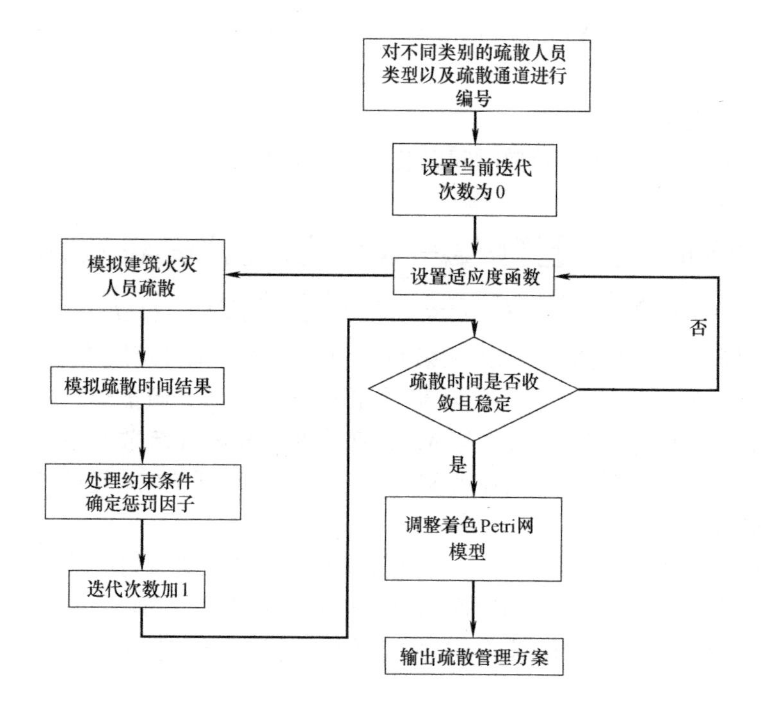

图 4-3　疏散管理算法流程

以某建筑为例，该建筑是一座五层的办公楼，建筑面积为 $2880m^2$，每层高约 5m，总高度 26.4m，建筑耐火等级为 2 级，一共设置有 10 处上下行楼梯，无电梯。由于该建筑物每层的设计结构相同且独立，为方便研究统计，将每层分为 A、B、C、D、E 共 5 个部分，并将楼梯间标号为 1～10。在此以该办公楼二层为例分析其特点。二层建筑平面图如图 4-4 所示。

区域 A 建筑面积为 $608m^2$，共设置一处上下楼梯间，西面一处，对应标号 1；区域 B 建筑面积为 $612m^2$，共设置一处上下楼梯间，西面一处，对应标号 2；区域 C 建筑面积为 $572m^2$，设有一处上下楼梯间，方位与以上相同，对应标号 3；区域 D 建筑面积为 $425m^2$，共设置三处上下楼梯间，南、北各一处，建筑中央一处，对应标号 4、5、6；区域 E 建筑面积为 $663m^2$，共设置四处上下楼梯间，对应标号 7、8、9、10。建筑物每层对应区域设有火灾探测报警器以及消防联动设备，确保火灾发生时，能够第一时间警示人员并引导人员疏散以及对建筑物内火源进行扑灭。

在确定建筑内疏散人员规模之后，并分别对建筑物内各层人员的性别、年龄进行分类，由此设置不同颜色集。年龄小于 18 岁和大于 60 岁的男性、女性分别为Ⅰ类、Ⅱ类，年龄在 18 岁和 60 岁之间的男性、女性分别为Ⅲ类、Ⅳ类，确定Ⅰ～Ⅳ类人员的比例后，在库所中分别设置不同比例的四类人员的颜色托肯。确

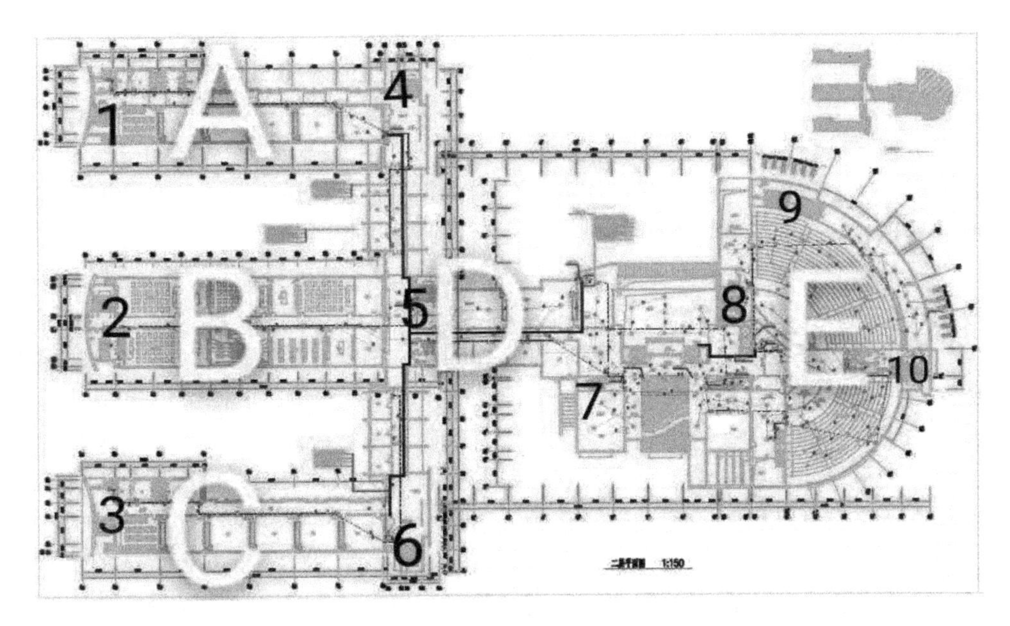

图 4-4 建筑二层平面示意图

定以上四类人员进入疏散通道和离开疏散通道的时间间隔、实际人数后，参照每个疏散通道的最佳疏散人数和火灾规范疏散时间，进行仿真实验，并不断调整Ⅰ～Ⅳ类人员颜色托肯比例，进行模拟仿真实验，直至得到趋于合理且稳定的疏散时间值，记录此时Ⅰ～Ⅳ类疏散人员的组成比例，以及疏散通道选择情况，以此作为分配疏散人员的方式。

据此，建立建筑智能化系统的区域火灾自动报警模型，其建模思路如下。

(1) 建立层次化结构模型。采用自顶向下、由简到繁的过程，先整体把握建筑自动报警模型结构，再细化每一个功能子模块。

(2) 划分功能子模块，明确各个工作部门的工作步骤和流程。依据火灾自动报警系统结构划分功能子模块，分为探测火灾发生模块、引导建筑物内人员疏散模块，以及消防联动模块。

(3) 模型执行的逻辑过程要符合《火灾自动报警系统设计规范》GB 50116—2013。即模型的执行要遵循检测、报警、疏散以及灭火四大功能过程中的时间顺序逻辑。

依照上述分析，探测火灾发生模块包括烟雾火灾探测器、手动报警器，其主要任务为当火灾发生后，以最短的时间和最快的速度使得建筑物内人员接收火灾发生的信息，包括火灾位置、火灾发生程度等；引导建筑物内人员疏散模块主要由疏散广播、疏散应急灯光等疏散逃离指示标识设备组成，其主要任务为帮助建筑内人员找到疏散通道，以最短时间离开火源地并抵达无生命安全以及财产损失的安全地带；消防联动模块由喷淋系统、防排烟系统以及电梯系统等组成，其主要任务为减小火灾发展的趋势并灭火，以及减小建筑内人员因烟雾浓度过大而造成身体危害等。在探测火灾发生模块中，烟雾探测器检测到烟雾浓度过高或者手动报警器被破坏后，建筑立即进入火灾应急状态，并由相应工作人员确定建筑火灾发生情况。确定火灾发生后，引导建筑物内人员疏散模块以及消防联动模块接收并发送相关信息，各模块在接收信息之后，开始工作。

分别用 $P_1 \sim P_{14}$ 表示建筑智能化火灾自动报警系统的资源，假设不考虑上述三种模块的设备失效情况，可以用具有记忆标识的有色 Petri 网来建立建筑智能化火灾自动报警系统的可靠性、安全性模型，并根据其构造特点以及建筑内部的实际情况设置颜色集。其有色 Petri 网结构如图 4-5 所示。此图能够清楚地反映出整个系统的三种运行模块以及系统中有哪些资源被任务共用等。在确定系统当中各个模块的任务的出现分布函数以及各资源的工作流程后，可以通过解析法或仿真法来验证此模型的活性以及在相关时刻的可靠性、安全性。

在建立基于有色 Petri 网的建筑智能化火灾疏散自动报警系统后，对模型应进行性能分析，一方面对模型的特性进行验证，另一方面消除整个系统中死锁等潜在问题。库所不变量表示模型中库所包含的托肯数是守恒的，并构成系统执行的通道。通过求解矩阵来判断该模型是否满足活性、有界性以及可达性的要求，从而验证该模型的相关性能。关联矩阵为：

$$\begin{bmatrix} & P_1 & \cdots & P_n \\ T_1 & & & \\ & & \ddots & \vdots \\ \vdots & & & \\ T_n & & \cdots & \end{bmatrix}$$

对上述关联矩阵求正整数解，验证库所中是否存在托肯，并将存在托肯的库所表示出来。求解到达库所的潜在路线，从而判断时间有色 Petri 网模型的性能。对建筑火灾疏散系统模型建立关联矩阵为：

$$\begin{bmatrix} & p_1 & p_2 & p_3 & p_4 & p_5 & \cdots & p_{25} & p_{26} \\ t_1 & -1 & 0 & 1 & 0 & 0 & \cdots & 0 & 0 \\ t_2 & 0 & -1 & 0 & 1 & 0 & \cdots & 0 & 0 \\ t_3 & 0 & 0 & -1 & -1 & 1 & \cdots & 0 & 0 \\ t_4 & 0 & 0 & 0 & 0 & 1 & \cdots & 0 & 0 \\ t_5 & 0 & 0 & 0 & 0 & 0 & \cdots & 0 & 0 \\ \vdots & \vdots & \vdots & \vdots & \vdots & \vdots & \vdots & \ddots & \vdots & \vdots \\ t_{35} & 0 & 0 & 0 & 0 & 0 & \cdots & -1 & 0 \\ t_{36} & 0 & 0 & 0 & 0 & 0 & \cdots & 0 & -1 \end{bmatrix}$$

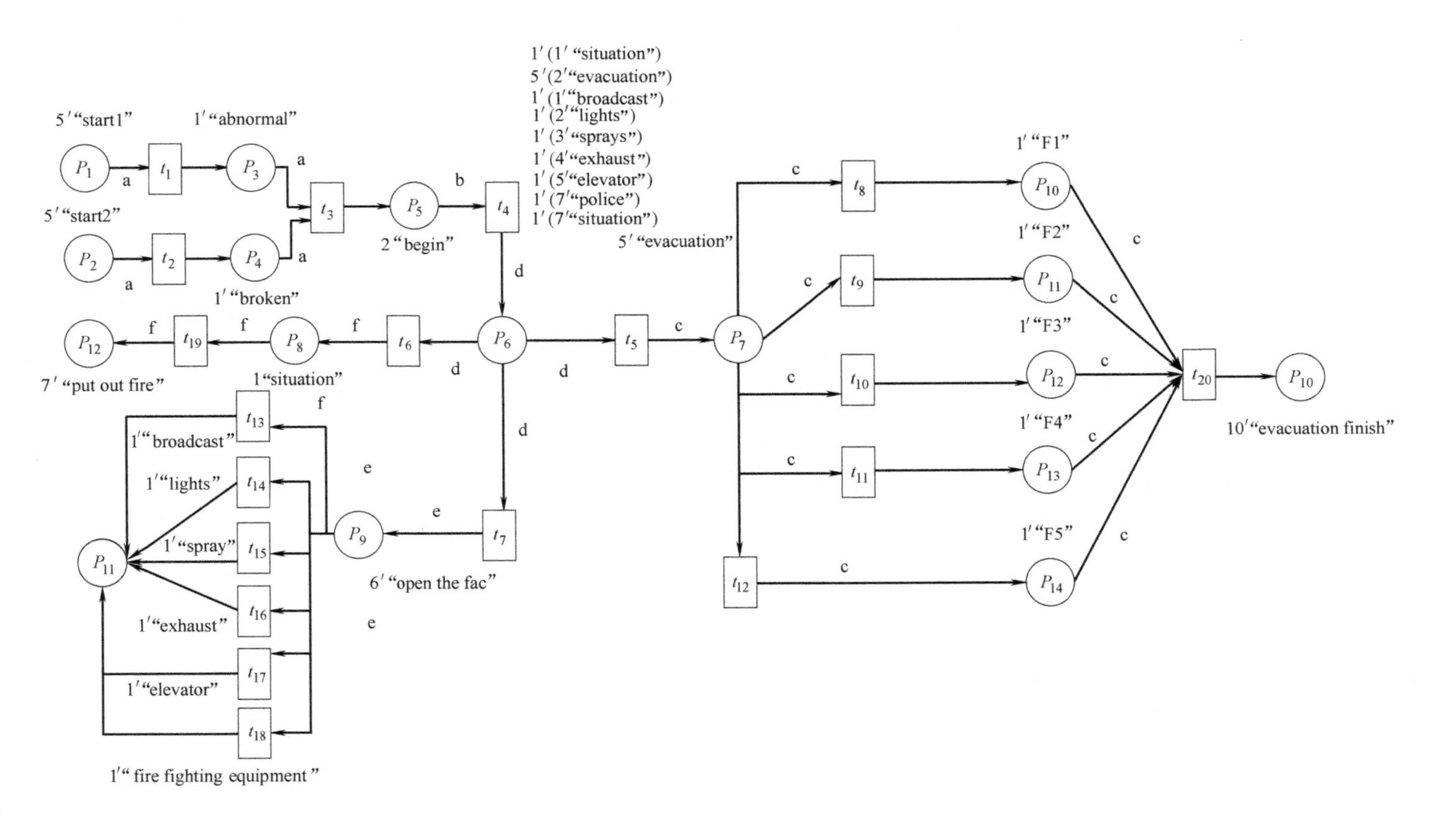

图 4-5　火灾自动报警系统有色 petri 网模型

解得以上矩阵的正整数解：

$\xi_1=(1,0,1,0,1,1,0,1,0,0,0,0,0,0,0,0,0,0,0,0,1,0,0,0,0,0)^T$；

$\xi_2=(1,0,1,0,1,1,1,0,1,1,1,1,1,1,1,1,1,1,0,0,0,1,1,1,1,1)^T$；

$\xi_3=(0,1,0,1,1,1,0,1,0,0,0,0,0,0,0,0,0,0,0,0,1,0,0,0,0,0)^T$；

$\xi_4=(0,1,0,1,1,1,1,0,1,1,1,1,1,1,1,1,1,10,0,0,1,1,1,1,1)^T$。

在以上的线性方程组的正整数解中，1 表示库所中存在流动的托肯，0 表示库所中不存在托肯。所以由上述矩阵的解可知模型中托肯流动路线为：

① P_1，T_1，P_3，T_3，P_5，T_4，P_6，T_6，P_8，T_{29}，P_{21}；

② P_1，T_1，P_3，T_3，P_5，T_4，P_6，T_5，P_{23}，T_{31}，T_{32}，P_{24}，T_{33}，P_{25}，T_{34}，P_{26}，T_{36}，P_7，T_8，T_9，T_{10}，T_{11}，T_{12}，P_9，P_{10}，P_{11}，P_{12}，P_{13}，T_{13}，T_{14}，T_{15}，T_{16}，T_{17}，T_{18}，T_{19}，T_{20}，T_{21}，T_{22}，P_{14}，P_{15}，P_{16}，P_{17}，P_{18}，T_{30}，P_{22}；

③ P_1，T_1，P_3，T_3，P_5，T_4，P_6，T_5，P_{23}，T_{31}，T_{32}，P_{24}，T_{33}，P_{25}，T_{35}，P_{24}，T_{33}，P_{25}，T_{34}，P_{26}，T_{36}，P_7，T_8，T_9，T_{10}，T_{11}，T_{12}，P_9，P_{10}，P_{11}，P_{12}，P_{13}，T_{13}，T_{14}，T_{15}，T_{16}，T_{17}，T_{18}，T_{19}，T_{20}，T_{21}，T_{22}，P_{14}，P_{15}，P_{16}，P_{17}，P_{18}，T_{30}，P_{22}；

④ P_2，T_2，P_4，T_3，P_5，T_4，P_6，T_6，P_8，T_{29}，P_{21}；

⑤ P_2，T_2，P_4，T_3，P_5，T_4，P_6，T_5，P_{23}，T_{31}，T_{32}，P_{24}，T_{33}，P_{25}，T_{34}，P_{26}，T_{36}，P_7，T_8，T_9，T_{10}，T_{11}，T_{12}，P_9，P_{10}，P_{11}，P_{12}，P_{13}，T_{13}，T_{14}，T_{15}，T_{16}，T_{17}，T_{18}，T_{19}，T_{20}，T_{21}，T_{22}，P_{14}，P_{15}，P_{16}，P_{17}，P_{18}，T_{30}，P_{22}；

⑥ P_2，T_2，P_4，T_3，P_5，T_4，P_6，T_5，T_5，P_{23}，T_{31}，T_{32}，P_{24}，T_{33}，P_{25}，T_{35}，P_{24}，T_{33}，P_{25}，T_{34}，P_{26}，T_{36}，P_7，T_8，T_9，T_{10}，T_{11}，T_{12}，P_9，P_{10}，P_{11}，P_{12}，P_{13}，T_{13}，T_{14}，T_{15}，T_{16}，T_{17}，T_{18}，T_{19}，T_{20}，T_{21}，T_{22}，P_{14}，P_{15}，P_{16}，P_{17}，P_{18}，T_{30}，P_{22}。

根据有色 Petri 网的定义，可知以上建筑火灾疏散系统的有色 Petri 网模型具有活性、有界性以及可达性等性质。

对于案例建筑的火灾疏散，按照Ⅰ、Ⅱ类人员优先的原则进行疏散。疏散过程中，A、B、C 三个区域可以与区域 D 共同安排疏散。首先在确定每个通道进行疏散的总人数以及该部分Ⅰ、Ⅱ类人员的疏散人数后，将两类人员与建筑部分对应，平均分配到 1 和 4、2 和 5、3 和 6 的疏散通道。其次，Ⅲ、Ⅳ两类人员按照比例分配到疏散通道；对于区域 E，先按照距离短优先的原则，选择疏散通道分配Ⅰ、Ⅱ类人员，再按比例分配Ⅲ、Ⅳ两类人员进入疏散通道。直至疏散完毕。

而使用仿真的方法得到同样的结果，即说明有色 Petri 网在估计建筑智能化火灾自动报警系统时具有可靠性、安全性。以同样的方法能够求得其他各个建筑智能化系统任务的可靠性和安全性程度。

4.5.2 电梯集控系统可靠性与安全性分析

电梯系统作为建筑智能化系统的重要组成部分，逐渐从创建初期简单的垂直交通工具发展成了一种控制精细且能满足不同种类高层建筑需求的复杂系统。在建筑控制系统当中，往往安装多个电梯来通往各个楼层，而如何保证建筑智能化系统内电梯运行安全性以及可靠性，进而使其更好地为使用者服务一直是研究的重点。电梯的运行、停止时间与空间都是不可预估的，使用者可能会在任意时刻任意楼层需要电梯服务或者使用电梯，这种利用是完全随机的。所以，电梯系统从时间及空间上来看都是完全离散的，是一种非常典型的离散事件动态系统。每当等待时间超过120s，乘客心里就会产生不耐烦的感觉。所以在力求缩短乘梯与候梯时间的基础上，需考虑电梯的运行速度是否能符合人们的生理要求，保证安全性以及可靠性。判断电梯性能指数最好的方法就是比较电梯集控系统的有效性及准确性，通过对其使用时间的长短与合理程度来说明该电梯系统是否优良。

对于大型系统的软件开发，为了保证其有效性及准确性，有必要采用形式化开发方法对系统的性能、有效性及准确性进行建模验证。利用有色 Petri 网理论中“静态数学定义方式来构造和描述动态并发现象”的相关性质，定义代表资源流动的概念托肯，接着对电梯集控系统进行建模与设计，并描述电梯在有无人状态下低高速的切换以及根据交通模式切换不同的停留模式。采用S不变量、可达标识图（Reachable Marking Graph）及对模型的性能进行验证，并利用前文介绍的算法计算该建筑智能化系统模型的安全度与可靠度，对电梯集控的算法程序实现有一定的指导意义。

集控指计算机对装有数控装置的电梯进行统一管理并且集体控制。每部电梯有自己独立的控制器，为了达到集控的效果，又创建了一个包含全部单独控制器的集控器，负责规划和汇总电梯的运行情况并作出正确的判断。在每一层电梯的外面都至少有一个呼叫电梯的面板，称之为呼梯盒。通过呼梯盒对电梯下达指令，电梯集控系统响应这个信号，群控器经过特定的算法分析处理得出最优派梯方案并分派电梯对用户进行服务。当一部电梯完成集控器给它的指令，它将自动搜寻是否还有新的呼梯信号尚未处理。若在一定时间内，没有新任务产生，电梯将根据群控器调度选择合适楼层停止，等待下一个命令。

1. 建筑智能化单部电梯系统的运行行为描述

单部电梯在运行过程中一般分为三个状态：空闲状态（电梯停留，且没有信号等待处理或产生），等待状态（电梯在某一楼层正好有人对该电梯有使用需求，或人员正在进出电梯那一短时段），以及运行状态（电梯正在响应发出的信号的途中）。电梯最开始处于空闲状态，一旦有新的信号发生，电梯就会立即响应电梯控制器的命令，状态发生转变，由空闲状态转变成等待状态，并开始往目的层运行。当电梯到达目的层时，电梯集控器下达停止命令，电梯相应地转化为等待状态，打开电梯门，人们可以进出电梯。感应电梯口之间没有任何物体时，电梯关门，向电梯控制器询问接下来应该怎么运行，等待电梯控制器下达命令，相应地回馈控制器信息，开始新一轮的状态转换。

2. 建筑智能化多部电梯系统的运行行为描述

确定单部电梯的运行行为后，为避免电梯集控系统出现紊乱，还需要确定集控器控制多部电梯一起运行时所要注意的规则。在实际中，可能出现多部电梯同时为某位乘客服务，而有的乘客却没有电梯服务。这就要为电梯集控系统里电梯之间的相互关系制定一些规则，有了规则才能让每部电梯正确有序且相互之间能够很好地协调为大家提供优质的服务。每部电梯有一个单独的电梯控制器用来接收和发出信息，群控器在遵循单部电梯运行原则的情况下，还应考虑多部电梯在一起时应遵守的规则，下面是一些规则的介绍。

内部任务优先：当有内部任务出现时，表明已有乘客在电梯内，电梯必须首先完成梯内任务，再去响应其他信号；集控器处理所有任务，任何电梯都有机会接受到任务，当有外部任务出现，应先考虑其方向，再考虑内部任务是否经过；如果满足条件则将任务放入有梯内任务的电梯任务集中，没有则将该部电梯作为另一部主梯响应梯外任务，当有多部电梯空闲时，外部任务的主梯也可根据实际情况转换。

同向任务优先：电梯运行的时候先考虑方向问题，顺路完成路径上可能经过楼层的任务；当本方向所有任务都完成，再向集控器发出请求信号，确认需要转向，还是继续等待其他任务。

顺便服务：若有同向外部任务出现，电梯应提供顺便服务，在呼叫层停下接送乘客，再继续运行，看是否还有顺便服务的信号。

外部任务主梯唯一：当外部任务出现，集控器根据情况决定主梯并由主梯先去完成任务；一旦确定主梯，则主梯唯一；但是，根据实际情况主梯可以转换。

自动开关门：当电梯到达指令的楼层并打开电梯门等待2～5s后，如果电梯没有接收到新的信号或检测无障碍物则会关闭电梯门；反之，如果关门的过程中有新的信号或之间有阻碍物，则电梯又会开门；重复上述过程。

满载不停：当电梯内人数过多，电梯为满载；满载时电梯只响应梯内信号，不响应梯外搭梯信号并在电梯外面显示满载提醒大家，以此尽量减少电梯不必要的停靠次数；当电梯内部出现松动后，再取消显示并开始正常运行。

两级变速：电梯内部无乘客且有信号在其他楼层需要响应时，电梯使用高速挡；其他情况则使用低速挡，满足人们正常需要；此方法可以在电梯闲置时期减少等待电梯的时间。

3. 建筑智能化电梯系统的交通模式分析

对于建筑智能化电梯群控系统的研究，首先要明白集控调度的策略，而交通流的情况则是影响集控策略的首要任务，只有先确定了交通流模式，才能对其作出相应的判断。根据此决定算法的优先程度和权值，一些算法更是在特定的交通模式下才能体现其优越性，因此必须确定当前交通模式。采集每个单位时间内的交通流情况，对其进行数据的整合分析，说明该时间内的交通流特征。具体的交通模式有如下几种情况。

（1）上行高峰交通模式：该模式一般在早上上班高峰或午休以后，电梯的主要任务是往上输送乘客，乘客大多乘梯从一楼到达各个楼层，而且客流量相比其他时间段要大很多。

（2）下行高峰交通模式：该模式在下班高峰期，这一时期的主要任务是输送客流到一楼，大量的电梯需求均为各个楼层到一楼。值得注意的是，上、下两种高峰期时电梯使用的情况并不是完全的机械对称。

（3）两路交通模式：建筑内某层楼的乘客大量地向其他某一楼层涌进，如工作层和饭厅层、工作层和会议层间的流动；在这种情况下，要加强与目的层的联系，电梯的时间和空间要多考虑这些层间的流动，通过自主学习的方法，给目的层较高的优先权，多路交通模式与之类似。

（4）层间交通模式：除了上述的几种交通模式，大部分的时间都是楼层与楼层之间的无规律运动，虽然在这种交通状况下，电梯的压力不是很大，但持续的时间是最长的，良好的层间交通直接影响着电梯的服务质量。

（5）空闲交通模式：该模式主要在下午下班和第二天上班的时间内，空闲交通模式下客流量最小，电梯可以很轻松地服务到每个人，这时的主要问题是如何减少电梯能耗。

通过以上的分析，可以建立电梯运行的有色 Petri 网模型，并根据其运行特点等实际情况设置颜色集。为了能更清楚地表达电梯运行情况，在模型中用了一些表达式来表示某种功能。图 4-6 为电梯集控系统的有色 Petri 网模型。

具体功能如下：

（1）当有信号发生，首先检查集控器的任务集中是否存在任务接入，若存在，应视为重复任务，集控器不予考虑，例如有的乘客不停地按下电梯按钮；

（2）系统检测是否有正在装载的电梯可供乘客直接使用，若有多部，则需系统根据情况选择一部作为主梯进行服务，优先选择人数较少的电梯，其次选择电梯内任务数较少的，可以通过使用地板压力检测及红外感应成像等技术检测电梯内人数，还可以从电梯任务集中查看任务数；

（3）检测是否有空闲电梯停靠在本层，若有多部，集控器会给出判断，选择

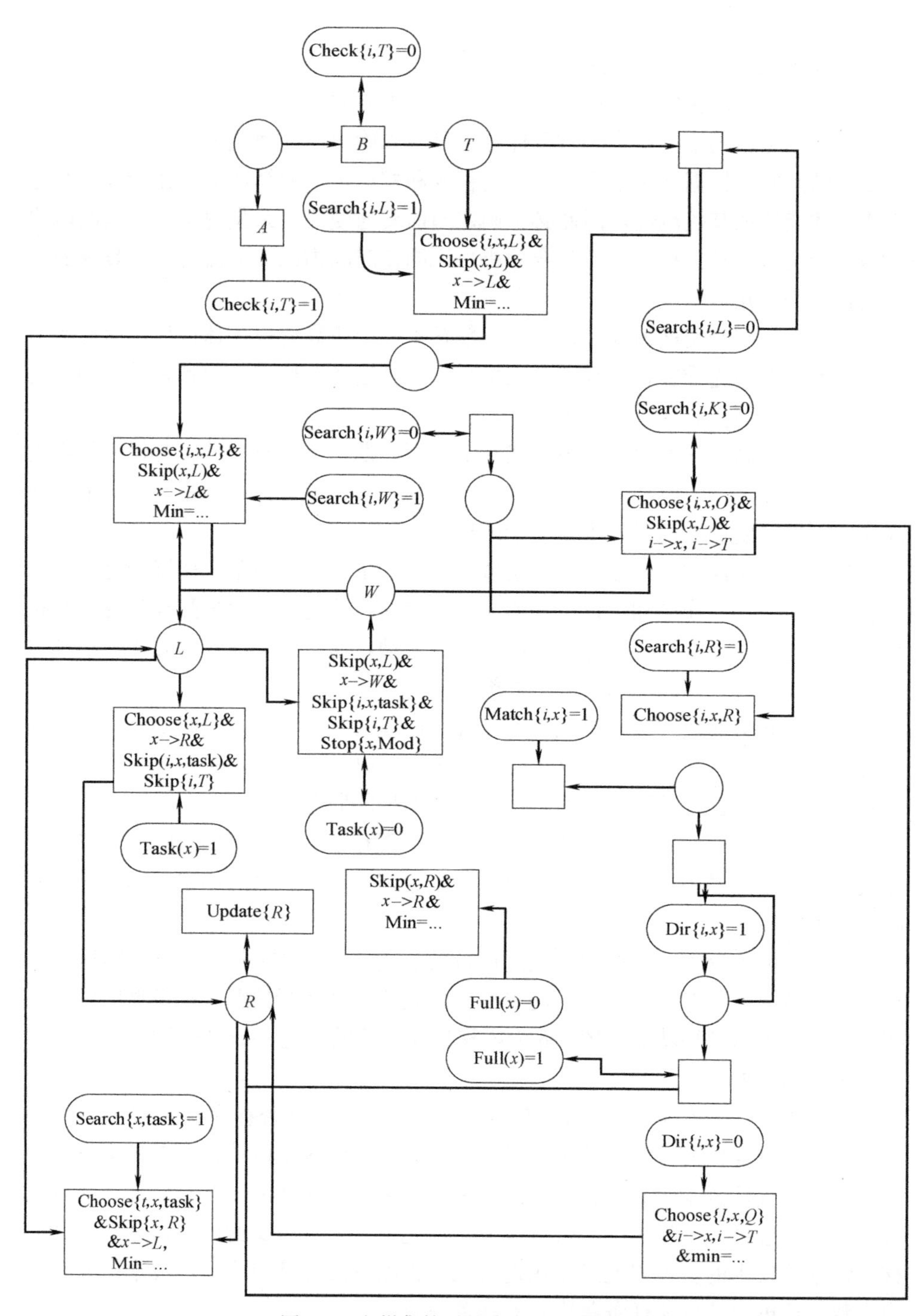

图 4-6　电梯集控系统有色 Petri 网模型

合适的电梯开门，选择好的电梯直接进入装载状态，任务托肯进入装载库所 L，在图中给出了语句，将电梯 X 从集合 L 中移除后，再将其转入集合 L 中，起到实时更新的作用，即电梯再次开门装载，描述的是电梯即将关门，电梯检测到电梯门之间有阻碍物或者在本层的梯外有同向的呼梯情况；

（4）检测到本层无停留电梯，那么集控器应在所有电梯的任务中集中搜索是否会有同向电梯经过，如果有，则该电梯应在经过本层的时候停下服务，意在分析整个电梯集控系统的逻辑关系，不再讨论电梯的启停及什么时候进行加减速运动这一问题，有电梯经过并停下服务的形式有两种，一种为集控器调度的顺便服务电梯，该次服务本不在电梯任务集里，集控器临时分配的任务，其他任务保持不变，另一种为主要响应该任务的电梯，响应该信号后，把任务从原本的任务集里删除，Match(i，x）函数是用来判断该电梯是否为主梯，无论什么情况，当电梯接受任务后，任务托肯都应转移到库所 L 中，即电梯处于装载状态。

以上情况都是为了乘客在外部呼梯时能获得快速服务及减少等待时间。其他情况下乘客需要等待一段时间。群控器根据不同目标运用不同算法选择合适的电梯。根据众多实验数据对各服务指标的比较，后者应用得更好。每部电梯运行到新一层都要与集控器进行通信，更新其属性，图中用 Update(R）表示，一旦有运行中的电梯需要完成任务，则将其转换为装载状态，任务集（包括电梯内部任务集和所有电梯的总任务集）也需要随之更新。在装载状态 L 下，电梯完成装载任务后，还有剩余任务的电梯进入运行状态继续完成任务，无任务的电梯则进入等待状态。

假设最多有 m 个梯外任务，n 部电梯，则初始标识 M_0 通过关联矩阵求解库所不变量 i_1，i_2，…，i_n，对于 i_1，有：

$$M(W)+M(L)+M(R)+M(x)+M(z)=n \tag{4-7}$$

即：

$$M(W)=n-M(L)-M(R)-M(x)-M(z)\leqslant n \tag{4-8}$$

因此，在“等待”状态下的电梯不可能超过 n 部，类似地，其他两个状态下的电梯也不可能超过 n 部。但是，有：

$$M(W)+M(L)+M(R)=n-M(x)+M(z)\leqslant n \tag{4-9}$$

分析库所 x 与 z 可知：x 是电梯即将关门时接到同层梯外信号刷新“装载”状态用于过渡的库所，应将其归于“装载”状态，z 为集控器从运行状态集中选取电梯并分配任务过程中用于过渡的库所，所以有：

$$M(W)+[M(L)+M(x)]+[M(R)+M(z)]=n \tag{4-10}$$

即证明 P_1 对于 i_2：

$$M(y)+M(A)-M(T)=0 \tag{4-11}$$

即：

$$M(T)=M(y)+M(A) \tag{4-12}$$

对于多部电梯的刻画，能得到：

$$M(T)=M(y)+M(A)+M(B)+M(C)+\cdots \tag{4-13}$$

即证明 P_2。

如图 4-7 所示，对 P_3 的证明需要用可达标识图，为避免可达标识图出现状态爆炸，失去一般性，以下给出电梯数为 1、总任务集为 2 的可达标识图。图中虚线箭头表示 t_4 不可发生，因为其发生条件为 A 中仅有一个托肯。从可达标识图的节点可看出，当 T 为 0 时，W 为 1，即证明 P_3。

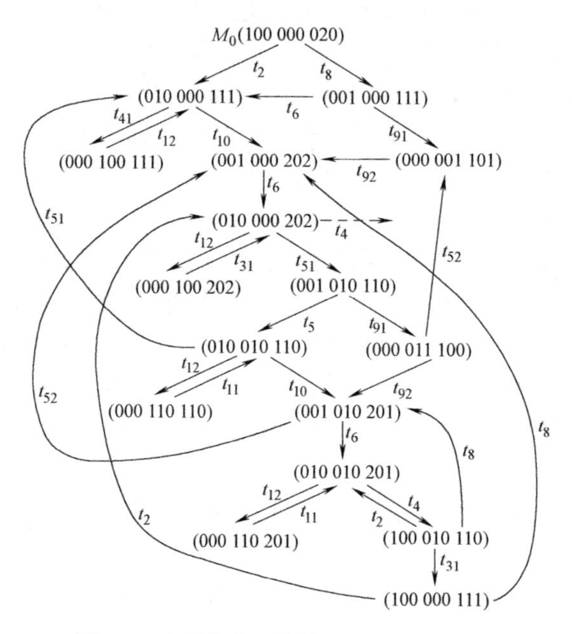

图 4-7　电梯集控系统模型可达性标识图

根据有色 Petri 网的定义，可知以上建筑智能化电梯集控系统的有色 Petri 网模型具有活性、有界性以及可达性等性质，与前文可达图分析结果一致，即说明基于有色 Petri 网理论，对建筑智能化电梯集控系统模型进行设计与性能检测的过程中，基本满足建筑智能化系统对可靠性以及安全性的需求。

在本案例中，根据电梯的实际情况对模型进行设计，并进行了化简，删除了一些等价的变迁，消除了一些冲突冲撞，从而降低了系统的复杂性。首先，案例中建立一个通用模型从大局上描述电梯群控系统全貌，并描述各种情况下电梯的任务分配以及三种状态间的切换。其次，把原模型中的库所进行了分解，更好地减少了死锁的出现。最后，给了电梯数为 1、总任务集为 2 的可达标识图。而模型具备的有界性表明了电梯只能为三种状态中的一种以及分配的任务数是有限的。模型的无死锁性说明了电梯能够无阻碍地进行人员运输，当然这是在没有考虑电梯故障的条件下。而对于可达性的验证只是选用了较少的初始数据。

通过以上两个案例介绍的建筑智能化火灾自动报警系统和建筑智能化电梯集控系统，在建立有色 Petri 网模型后，分别用不同方法验证系统的可靠性与安全性。目前，基于有色 Petri 网的形式化开发方法中有很多验证方法，例如覆盖技术、库所不变量技术、变迁不变量技术、进程分析技术、同步性分析技术、结构分析技术等。而且，从当前有色 Petri 网理论研究的结果来看，很多方法理论上是可行的，这些方法是研究建筑智能化系统可靠性与安全性的有效方法。有色 Petri 网具有直观易懂和验证严谨的双重优点，图形化的表示方法使得针对其模型进行建模及性质的分析十分形象。同时，其严格的表示方式也体现出有色 Petri 网技术验证上的严密，可以用来表达客观事物（包括物质资源和信息资源）间的联系，正确的有色 Petri 网模型所描述的系统在客观世界中能够实现。其具有的强大可应用能力，能被应用到许多领域，对建筑智能化系统的发展以及安全起到了重要的指导作用。

第5章　基于时间Petri网的建筑智能化系统实时性研究

在基础 Petri 网中，并没有时间的概念，这是因为时间参数无法与基础 Petri 网的结构形成统一，所以时间也没有在 Petri 网最原始的应用中得以使用。然而，实际应用中，很多领域对于系统性能的评价，都需要用到时间这一重要参数，这就要求在 Petri 网中融入时间参数，增加时间约束条件，以满足 Petri 网对时间特性的应用要求。

针对以上问题，本章将介绍具有时间条件和约束的扩展 Petri 网——时间 Petri 网，主要涉及时间 Petri 网的定义、特性和应用，旨在全面说明时间 Petri 网的特点。最后，本章将用建筑智能化系统中的典型案例，说明时间 Petri 网的应用场景。

5.1　时间 Petri 网

物理世界的实际系统中每一事件都基本与时间元素紧密相连，为了更好地分析模拟系统中的行为及时间，将时间变量添加到 Petri 网中形成了时间关联的 Petri 网。也就是说，时间 Petri 网是在经典 Petri 网的基础上，定义一个从变迁集到某种时间因素集的映射。

这种添加了时间变量的 Petri 网通过对传统 Petri 网内的变迁引入时间因素，使自身具备了模拟含时间系统的能力。变迁中引入的常用时间因素包含有变迁进行发射消耗的时间和准备好发射后实际完成发射所消耗的时间等。而引入的时间因素表示形式并不唯一，既可用实数有理数形式表示，也可用一个实数区间甚至随机数的形式表示，它们分别表示变迁发生所需要的时间，或变迁具备条件发生后可能发生的时间区间。这样就把网系统的运行轨迹投影到统一的时间坐标上。在 Petri 网系统中加入时间因素，为某些实际系统的模拟和分析带来了方便，传统 Petri 网着眼于逻辑层次的系统性能，含时间因素的 Petri 网还可以对系统在时间层次方面的性能进行分析。经过添加时间因素处理后，Petri 网在处理分析系统行为时的模拟能力会有显著提升。时间 Petri 网的模拟能力十分突出，可以模拟分析较为复杂的异步并发系统。

5.1.1 时间 Petri 网形式化定义

最初对时间 Petri 网的定义已经满足不了现有的系统模拟，后来的学者对于时间 Petri 网的分类有了进一步的研究，现在形成较为成熟的两种时间 Petri 网：第一种是确定性时间 Petri 网，第二种是随机时间 Petri 网。确定性时间 Petri 网表示的是变迁、库所或者弧权携带确定性时间参数的 Petri 系统，因此又可以分为三种，即确定性变迁时间 Petri 网、确定性库所时间 Petri 网、确定性弧权时间 Petri 网，可以看出分别对应着变迁、库所或者弧权携带确定的时间参数。随机时间 Petri 网顾名思义就是不确定性时间 Petri 网，变迁、库所或弧权携带的时间参数是随机的。

定义 5.1　时间 Petri 网可以表示为一个四元组 $N=(P, T, F, D)$，与普通 Petri 网相比增加了时间延迟元素 D，D 表示时间延迟 d_t 的集合。

时间 Petri 网与经典 Petri 网都是通过发射变迁 t 来进入下一个标识。不同的是，当携带时间参数时，即 $t \in T$ 或 $p \in P$，$d_t=K$ 表示发射变迁 t 或经过库所 p 需要 K 个时间单位来完成。因此从一个标识到下一个标识，需要经过 K 个时间单位才可以到达。对于经典 Petri 网来说，当满足变迁发射条件时，即向输出库所注入一个托肯，对于时间 Petri 网来说这个过程就需要经过 K 个时间单位来完成。当 $d_t=0$ 时，此时时间 Petri 网就和经典 Petri 网没有什么区别，因此可以看出经典 Petri 网就是一个瞬时时间 Petri 网。

定义 5.2　对于一个时间 Petri 网 $TPN=(P,T,F,W,M_0,D)$ 来说，关联矩阵的计算方法与普通 Petri 网一样，都是通过输出矩阵与输入矩阵的差得到。其中输出矩阵表示为 $Post: T\times P\rightarrow N$，输入矩阵表示为 $Pre: T\times P\rightarrow N$，得到的关联矩阵表示为 $[N]$。由此可见，关联矩阵是个 $|P|\times|T|$ 的整数矩阵。如果 $\forall(p,t)\in F$，那么有 $Pre(p,t)\geqslant 1$，否则 $Pre(p,t)=0$；如果 $\forall(p,t)\in F$，那么有 $Pre(p,t)\geqslant 1$，否则 $Pre(p,t)=0$

定义 5.3　时间 Petri 网 $TPN=(P,T,F,W,D)$ 的变迁发射规则如下。

(1) 对 $t\in T$，若 $\forall p\in t^*$：$M(p)\geqslant W(p,t)$，满足变迁 t 使能的条件，记为 $M[t>$。当变迁 t 的前置库所为空时，则 t 任何时候都是使能的。

(2) 当标识 M_k 使得变迁 t 使能，则前置库所 P 中的托肯将移出 $W(p,t)$ 个托肯，并存至变迁 t 的后置库所，变迁 t 的发射经过 d_t 个时间单位到达下一个标识 M_{k+1}，记作 $M_k[t>M_{k+1}$，对 $\forall p\in P$，有：

$$M_{k+1}(p)=\begin{cases}M_k(p)-W(p,t) & p\in {}^*t-t^* \\ M_k(p)+W(t,p) & p\in t^*-{}^*t \\ M_k(p)-W(p,t)+W(t,p) & p\in t^*\cap {}^*t \\ M_k(p) & p\notin t^*\cup {}^*t\end{cases}$$

变迁 t 的发射需要的时间为 d_t 时，其发射并不会被其他的库所或者变迁所占用，在变迁 t 发射后，需要从输入库所中移走 $W(p,t)$ 个托肯，在 d_t 时间后，这些托肯又将返回输出库所中，这个过程中，变迁的发射过程不会被另外的使能变迁所打断。

最初使用的传统 Petri 网对于带有时间因素的系统并没有建模和分析能力，但是时间 Petri 网的出现使得我们对携带有时间因素的系统建模有了更强的分析能力，但同时也增加了分析难度。

定义 5.4　定义时间 Petri 网为 $TPN=(P,T,F,W,D)$，当且仅当 $p\in P$ 是有界的，那么 TPN 则为有界时间 Petri 网。对于有界的时间 Petri 网的可达标识集合来说，相应地 $R(M_0)$ 也是有限的，将 $R(M_0)$ 作为顶点，各标识之间的可达关系作为弧集，各变迁或库所的时延作为弧权值，最后将构成的有向图称作时间 Petri 网的可达图 TRG（Timed Reachability Graph），与传统 Petri 网一样，可达图可以反映时间 Petri 网的内部性质。

如图 5-1 所示是一个变迁时间 Petri 网，每个变迁的右上角标代表变迁的发射时间。由图 5-2 可知，时间 Petri 网的初始标识为 $M_0[0,1,0]^{\mathrm{T}}$，即可以计算出可达标识集有 3 个元素，表示为 $R(M_0)=\{[0,1,0],[1,0,0],[0,0,1]\}$，可以得到该时间 Petri 网的可达标识图如图 5-2 所示。图 5-1 中变迁的时间 ID 对应着图 5-2 各标识弧权值的时间延迟，即发射变迁所需要的时间。

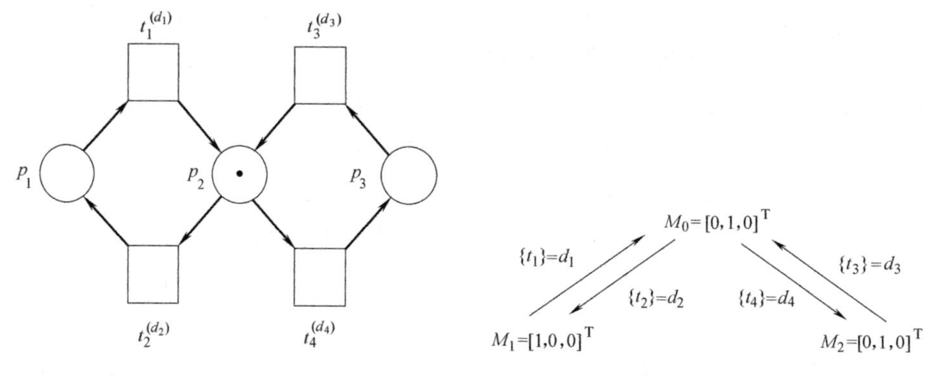

图 5-1　时间 Petri 网 TPN

图 5-2　时间 Petri 网可达图

时间 Petri 网作为一种有力的数学建模工具，优点十分突出，主要有如下几点：

（1）时间 Petri 网在模拟描述离散时间系统时，具有明确的语义来描述系统的每一个行为，存在语义的模型让分析系统内部的具体实现有很强的逻辑性，并提高了系统分析的有效性；

（2）时间 Petri 网继承了传统 Petri 网的建模能力，并延伸了 Petri 网的基础概念，使得在理解经典 Petri 网的基础上，能够很好地理解时间 Petri 网的模拟能力；

（3）时间 Petri 网能够对世间大部分具有时间因素的系统进行建模，在分析层面上可以通过各种软件工具、编程语言进行进一步的系统分析；

（4）时间 Petri 网不仅是具有时间因素的建模工具，更是描述系统内部关系并发、同步、阻塞等有效的建模工具。

5.1.2 时间 Petri 网的动态属性

以时间 Petri 网（不含权函数和容量函数的网系统）为模型，定义和讨论其系统运行过程中的一些性质，并把这些性质统称为动态性质（Dynamic Properties）或行为性质（Behavior Properties）。这些性质同时间 Petri 网所模拟的实际系统某些方面的性能有密切的联系。下面给出时间 Petri 网的各种性质所代表的系统特性。

1. 可达性（Reachability Property）

可达性是时间 petri 网的最基本的动态性质，其余各种性质都要通过可达性来定义。

定义 5.5　设 $\Sigma=(P,T,F,M)$ 为一个时间 Petri 网，如果存在 $t\in T$，使得 $M[t>M'$，则称 M 为从 M 直接可达的。如果存在变迁序列 $t_1,t_2,\cdots$，t_k 和标识序列 M_1，M_2，$\cdots$，M_k，使得 $M[t_1>M_1[t_2>M_2,\cdots,M_{k-1}[t_k>M_k$，则称 M_k 为从 M 可达的。从 M 可达的一切标识的集合记为 $R(M)$。约定 $M\in R(M)$。

用时间 Petri 网模拟一个实际系统时，网（P，T，F）描述系统的结构，初始标识 M_0 表示系统的初始状态，而 $R(M_0)$ 给出了系统运行过程中可能出现的全部状态的集合。

定义 5.6　设 $\Sigma=(P,T,F,M)$ 为一个时间 Petri 网，其中 M_0 是 Σ 的初始标识。Σ 的可达标识集 $R(M_0)$ 定义为满足下面两个条件的最小集合：

1）$M_0\in R(M_0)$；

2）若 $M_0\in R(M_0)$，且存在 $t\in T$ 使得 $M[t>M'$，则 $M'\in R(M_0)$。

2. 有界性和安全性（Boundedness and Safeness Property）

定义 5.7　设 $\Sigma=(P,T,F,M_0)$ 为一个时间 Petri 网，$p\in P$，若存在正整数 B，使得 $\forall M\in R(M_0)$：$M(p)\leqslant B$，则称库所 p 为有界的，且满足此条件的

最小正整数 B 为库所 p 的界，记为 $B(p)$，即 $B(p)=\min\{B \mid \forall M \in R(M_0): M(p) \leqslant B\}$，当 $B(p)=1$ 时，称库所 p 为安全的。

定义 5.8　如果每个 $p \in P$ 都是有界的，则称 Σ 为有界时间 Petri 网。称 $B(\Sigma)=\max\{B(p) \mid p \in P\}$ 为 Σ 的界。当 $B(\Sigma)=1$ 时，称为安全的。

有界性安全性反映了被模拟系统运行过程中对有关资源容量的要求。在实际系统的设计中，必须使得网中的每个库所在任何状态下的标识数小于库所的容量，这样才能保证系统的正常运行，不至于产生溢出现象。

3. 活性（Activity Property）

定义 5.9　设 $\Sigma=(P,T,F,M_0)$ 为一个时间 Petri 网，其中 M_0 是 Σ 的初始标识，$t \in T$。如果对任意 $M \in R(M_0)$，都存在 $M' \in R(M)$，使得 $M'[t>$，则称变迁 t 是活的。如果对任意 $t \in T$ 都是活的，则称 Σ 为活的 Petri 网。

4. 公平性（Fairness Property）

时间 Petri 网的公平性旨在讨论网系统中两个变迁（变迁组）的发生之间的关系。这种关系反映被模拟系统的不同部分在资源竞争中的无饥饿性问题。

定义 5.10　设 $\Sigma=(P,T,F,M_0)$ 为一个时间 Petri 网，t_1，$t_2 \in T$。如果存在正整数 k，使得对任意都有 $M \in R(M_0)$ 和任意 $\sigma \in T^*$ ：$M[\sigma>$都有：

$$\#(t_i/\sigma)=0 \rightarrow \#(t_i/\sigma) \leqslant k \quad i,j \in \{1,2\}, i \neq j \tag{5-1}$$

则称 t_1、t_2 为和平关系，称 Σ 为公平时间 Petri 网。

5. 持续性（Persistency Property）

时间 Petri 网的持续性是这样的一种性质：如果在可达标识 M 下变迁 t 有发生权，那么从 M 发生了其他任意变迁或任意不包含 t 的变迁序列后，t 仍有发生权。如果一个时间 Petri 网中对任意可达标识和任意变迁 t，上面所述性质都成立，就称这个网为持续网系统。

定义 5.11　设 $\Sigma=(P,T,F,M_0)$ 为一个时间 Petri 网，如果对任意 $M \in R(M_0)$ 和任意的 t_1、$t_2 \in T$，$(t_1 \neq t_2)$，有：

$$(M[t_1> \wedge M[t_2>M') \rightarrow M'[t_1> \tag{5-2}$$

则称 Σ 为一个持续时间 Petri 网系统。

6. 可逆性（Reversibility Property）

定义 5.12　设 $\Sigma=(P,T,F,M_0)$ 为一个时间 Petri 网，$M \in R(M_0)$，如果对 $\forall M' \in R(M)$，都有 $M \in R(M')$，则称 M 为 Σ 的一个可返回标识或一个家态。

定义 5.13　设 $\Sigma=(P,T,F,M_0)$ 为一个时间 Petri 网，如果 Σ 的初始标识 M_0 是一个家态，则称 Σ 为可逆时间 Petri 网系统。时间 Petri 网的可逆性反映了系统的可恢复性。

7. 可预测性（Predictability Property）

假设变迁集合进一步分为两个相斥的子集 $T=T_N \cup T_F$，这里 T_N 是普通变迁的集合，T_F 是故障变迁的集合。对任意序列 $\sigma=t_1, t_2, \cdots, t_k \in T^*$，在不影响理解的前提下，把 $T_F \in \sigma$ 记为 σ 包含一个故障变迁，即 $\exists i \in \{1, \cdots, k\}$：$t_i \in T_F$。

故障预测问题的主要目的是在任何故障发生之前，对其进行正确的预报，这里正确的含义是：

(1) 任何故障应该在发生前被预报，即没有漏报；

(2) 一旦警报产生，就一定有故障会在有限步内发生，即没有错报。

定义 5.14　设 $\Sigma=(P,T,F,M_0)$ 为一个时间 Petri 网，若 (P,T,F,M_0) 满足下列条件，则称其对于 T_F 来说是可预测的：

$$
\begin{gathered}
(\forall \alpha \in F(P,T,M_0): T_F \in \alpha)(\exists \beta \in \overline{\alpha}: T_F \notin \beta) \\
(\forall \theta \in F(P,T,M_0): F(\theta)=F(\beta) \wedge T_F \notin \theta) \\
(\exists K \in P)(\forall \theta\gamma \in F(T,F,M_0))[|\gamma| \geqslant K \Rightarrow T_F \in \gamma] \qquad (5\text{-}3)
\end{gathered}
$$

本质上，可预测性是作为判断是否系统内所有故障的发生都可以被准确预测的一种先验知识。具体来说，其要求对任意含有故障的序列，都必须有一条不含故障的前缀，对其来说可以明确知道有故障会在将来有限步内发生。换言之，如果一个系统不是可预测的，就一定存在一条故障序列，根据其所有前缀，都不能声明故障一定会在这条前缀的后续发生，也即任何故障预测机制都不能在这个故障发生前预计到其存在。

本节并没有假设 $T_F \subseteq T_{uo}$ 这种在故障诊断中的特殊情况。这是因为在故障预测中，研究的主要问题是故障发生前的系统行为。因此，即使一个故障变迁是能观的，可以与非故障变迁区分开，仍然有存在不能在其发生前被清晰预报的情况。

5.1.3　时间 Petri 网的分析方法

分析时间 Petri 网的方法有很多，常用的就是关联矩阵、状态方程以及可达图等，对于其他的方法，例如可覆盖树，它并不适用于规模较大的时间 Petri 网，由于存在状态爆炸问题，关联矩阵和状态方程反而更适用于分析时间 Petri 网的可达性。

1. 可达图分析法

可达标识图（Reachability Graph）作为有界时间 Petri 网的重要分析手段，体现着系统最基本的动态特性，因此对可达标识图的分析有利于了解系统内部特性。可达图体现出的是各标识之间的关系以及标识和变迁之间的关系，了解系统的动态行为的重要方法就是对可达图进行分析，对可达图进行深入分析可以验证模型的正确性。

可达图的计算实际是一个复杂的问题，通常情况下，对于一个时间 Petri 网来说，可达图的规模会随着库所数、托肯数的增加而呈指数增长。

定义 5.15　时间 Petri 网 (N,M_0) 得到的可达图可以表示为 $RG(N,M_0)$，可达图是一个有向图，即可以表示为 (V,E)，其中 $V=R(N,M_0)$，表示顶点的标识集合，$E=\{(M,t,M')|M,\ M'\in \mathrm{R}(N,M_0),\ M[t>M'\}$ 表示为由标识 M 到达标识 M' 边的集合。

2. 关联矩阵和状态方程

定义 5.16　设一个时间 Petri 网为 $N=(P,T,F,W)$，该网的关联矩阵 $[N]$ 满足公式 $[N](p,t)=W(t,p)=W(p,t)$，由此可知 $[N]$ 是一个 $|P|\times|N|$ 的整数矩阵，$[N](t,p)$ 表示库所 p 对应的行向量，$[N](t,p)$ 表示变迁 t 对应的列向量。

对于关联矩阵的计算，可以通过计算后置和前置关联矩阵之差来得到，可表示为 $[N]=Post-Pre$，其中 $Post$ 为后置关联矩阵，Pre 为前置关联矩阵，前置矩阵和后置矩阵可以分别通过 $W(t,p)$、$W(t,p)$ 得到。假设时间 Petri 网有 n 个库所和 m 个变迁，$Pre(p,t)=[W(p_1,t),W(p_2,t),\cdots,W(p_n,t)]^{\mathrm{T}}$，$Pre(p,t)=[W(p,t_1),W(p,t_2),\cdots,W(p,t_n)]^{\mathrm{T}}$。

定义 5.17　对于一个时间 Petri 网 $N=(P,T,F,W)$ 来说，从标识 M 达到标识 M' 需要经过一个有限的变迁序列，这个序列定义为 σ，而该序列的 Parikh 向量 $\vec{\sigma}$ 可以表示成 $\vec{\sigma}: T\rightarrow N$，其中 $\vec{\sigma}$ 与 $\vec{\sigma}$ 中显示的变迁 t 的个数相同。

对于时间 Petri 网来说，关联矩阵与状态方程的关系如下：

$$M'=M_0+[N]\vec{\sigma} \tag{5-4}$$

其中，$[N]$ 为关联矩阵，$\vec{\sigma}$ 为从标识 M 到标识 M' 的有限变迁向量。

式（5-4）是时间 Petri 网的状态方程，通过这个表达式可以计算出从标识 M_0 到标识 M' 的发射变迁序列 $\vec{\sigma}$，该变迁序列只是表示每个变迁的发射次数，并不体现变迁的发射顺序。

当状态方程有解时，并不能代表一个标识一定可达，因此状态方程并不是时间 Petri 网可达性的必要充分条件，只是必要条件，满足状态方程的标识并不一定是可达标识，标识 M' 从 M_0 可达当且仅当存在一条发射序列使得状态方程成立。

5.2　时间 Petri 网对建筑智能化系统实时性的预测

5.2.1　建筑智能化系统的故障实时性预测

建筑内故障是系统不能完成规定功能或性能退化不满足规定要求的状态；建

筑智能化系统的故障诊断技术又称建筑设备状态诊断技术（Building Machine Condition Diagnosis Technique），是通过监测建筑中的设备的状态参数，发现异常，分析设备故障原因的一项技术。一般而言根据系统的运动特点可以分为连续系统和离散系统两大类，连续系统是人们最初的研究对象，随着科技的发展，越来越多系统具备异步性、并发性、离散性、瞬时性等特点，这样的系统出现的场合也逐步增多，而且无法用一般的连续系统描述，也无法直接使用连续系统的分析方法，因此近年来成为研究的热点问题之一。

在以往的故障系统中，由于其本身物理结构的特点，以及信息传输存在限制的缺陷，导致该系统为离散系统。所以，传统的故障预测分析方法不能用于以上故障系统中。本节提出建筑智能化系统的故障预测方法，本方法与以往方法最大区别在于监测情况从宏观转向了微观，本节系统设置一组本地观测器，它通过获取系统的大部分信息，监测部分变迁的变化，来获取信息并进行故障分析。通过对本地观测器设置标签函数，在同一个变迁中，在不同的角度之下也可能代表不同的事件。

在观测器进行监测的情况之下，将根据观测得出的数据和规律最后汇总到协调器，并给出最终的全局判断。通过时间 Petri 网理论的定义与建模，以具体实例进行分析，对系统的故障检测可行性进行说明，判断系统是否满足需求。

以建筑大规模信息物理系统为代表的复杂逻辑结构网络，往往对系统的安全性有较高的要求，进行故障预测分析是一个必要的手段。然而研究过程中经常会遇到的难度在于以下两个方面。

(1) 建筑中的部分信息系统，尤其是建筑智能化系统中的计算机系统，由于其智能化系统的状态并不是连续的物理量，所以其中变量的变化是随机的。

针对上述问题，应对策略可以是使用离散事件系统对研究对象的逻辑结构进行抽象建模。由于离散事件系统的状态是离散的并且物理环境和对象状态的变化是由事件驱动的系统，有很强的建模能力。而离散事件系统本身又主要有两种原理相似但表达方式有很大不同的描述工具——自动机和 Petri 网。自动机由于可以画出详细的系统状态流图，故在处理小型逻辑系统时更加简单直观。而在处理一些复杂系统时，尤其是无限状态的情况时，有限状态自动机不能达到很好的效果。而 Petri 网模型由于其对库所内令牌的数量不设限制，加上其本身善于模拟并发关系，携带了系统本身的结构信息并具有表达能力强于有限状态自动机的优点，而在 Petri 网下的故障预测问题中，有一个重要的概念——可预测性，表示系统中的故障能否被准确预测，即满足特定条件的故障预估器是否能被设计出来。作为故障预测的第一步，本节的主要工作便是提供验证这条性质的有效方法。而且时间 Petri 网在经典 Petri 网的基础之上，增加了时间戳，能够进行时间仿真，故适合于用来模拟状态数量极多且对时间变化敏感的复杂系统。所以选取时间 Petri 网作为描述离散事件系统的方法。

（2）由于规模庞大，这些系统通常都具有分布式的结构，导致集中式的控制或故障预测理论不能被有效地直接应用。

对于上述问题，本节提出故障预测的方法。在时间 Petri 网的语境下，分散式意味着时间 Petri 网或部分能观时间 Petri 网中，联系变迁与事件数存在复数多个。同一个系统，其不同部分只能获得系统行为的部分信息，而且假设它们之间并没有信息交流互换。为了让所有部分合作完成故障预测的工作，定义并给出了协同可预测性的概念。注意到实际系统的故障预测问题中，由于需要采取措施来应对故障发生的情况，而这些措施通常需要准备时间且代价高昂，故预估器设计者可能更需要知道故障发生前后的裕量。为此，本节还会加入性能边界在协同可预测性中的影响。

5.2.2 基于时间 Petri 网的建筑智能化系统的故障实时性预测的等价条件

下面给出建筑智能化系统故障预测问题在时间 Petri 网语言下的基本假设。系统 $\Sigma=(N,T,M_0)$ 由一组 n 个本地代理（或本地预估器）一同监控，记 $I=\{1,2,\cdots,n\}$ 为它们的编号。则每个代理都有其自己的观测器。确切地说，对任意 $i\in I$，记 $L_i: T\rightarrow\Sigma\cup\{\in\}$ 为其本地标签函数，记 $T_{o,i}$ 和 $T_{uo,i}$ 分别为 L_i 视角下的能观与不能观变迁集合。因此，分布式的时间 Petri 网可以写成 $(N, M_0,\{L_i\}_{i\in I})$。

为了模拟系统中的故障，同样地，假设变迁集合进一步被分为两个相斥的子集 $T=T_N\cup T_F$，此处 T_N 是普通变迁的集合，T_F 是故障变迁的集合。而对任意序列 $\sigma=t_1$，t_2，…，$t_k\in T^*$。

为了判断建筑智能化系统中的任何故障能否被预测，文献［41］中提出了一种性质：协同可预测性。

直观地来讲，协同可预测性要求对任意含有故障变迁的序列，都必须存在一个不含有故障的前缀，使得至少有一个本地预估器能够确切知道故障将会在未来的有限步内发生。这样，一个本地故障警报就会被送到协调器，从而在故障真正发生前发出全局的故障警报。文献［41］中已经证明，协同可预测性是存在一组达到下列两个要求的本地预估器的充分必要条件：

（1）任何故障都能在发生前被预测；

（2）一旦报警，故障将会在有限步内发生。

读者可具体参考文献［41］，了解协同可预测性是如何保证上述两个条件的。本节将主要关注对于时间 Petri 网所生成的语言，如何去验证这个性质。为了更好地理解协同可预测性的定义，首先看以下时间 Petri 网中的例子。

为了给下文的验证作铺垫，在本节中，给出下述引理来解释如何根据 T_{oi}、$T_{uo,i}$ 两个特殊标记来确定协同可预测性。给出引理 5.1，将问题转化为寻找符合特定条件的序列对，并针对序列的需求而展开。

引理5.1 时间Petri网（$N,M_0,\{L_i\}_{i\in I}$）对于T_F不是协同可预测的，当且仅当存在$n+1$对无故障序列$\sigma_B,\sigma_1,\cdots,\sigma_n\in T_N^*$满足：

（1）M_B是一个边界标记，$M_0\to\sigma_B\to M_B$；

（2）对任意$i\in I$，M_i是一个非指示标记，$M_0\to\sigma_i\to M_i$；

（3）对任意$i\in I$，$L_i(\sigma_B)=L_i(\sigma_i)$。

证明：（$\Leftarrow$）假设存在$n+1$条无故障序列σ_B，σ_1，…，$\sigma_n\in T_N^*$满足上述条件。由于M_B是一个边界标记，且$M_0\to\sigma_B\to M_B$，根据边界标记的定义，能找到一条故障序列$t_f\in T_F$使得$M_0\to\sigma_B t_f\to$。然后，对任意一个$\sigma_B t_f$的无故障前缀，如$\beta\in\overline{\sigma}_B$，由于$L_i(\sigma_B)=L_i(\sigma_i)$，$\forall I\in I$，可以知道，对任意$i\in I$，都存在一个$\sigma_i$的前缀，如$\theta_i\in\overline{\sigma}_i$，使得$L_i(\theta_i)=L_i(\beta)$。因为$M_i$是一个非指示标记，且$M_0\to\sigma_i\to M_i$，又记$\sigma_i=\theta_i(\sigma_i/\theta_i)$。根据非指示标记的定义，可以直接得到（$\forall K\in N)(\exists\sigma\in T_N^*)[M_0\to\theta_i(\sigma_i/\theta_i)\sigma\to\wedge|\sigma|\geqslant K]$。综上所述，有：

$$(\exists\sigma_B t_f\in L(N,M_0):T_F\in\sigma_B t_f)(\forall\beta\in\overline{\sigma}_B:T_F\notin\beta) \tag{5-5}$$

$$(\forall i\in I)(\exists\theta_i\in L(N,M_0):L_i(\theta_i)=L_i(\beta)\wedge T_F\theta_i) \tag{5-6}$$

$$(\forall K\in N)(\exists\theta_i(\sigma_i/\theta_i)\sigma\in L(N,M_0)) \tag{5-7}$$

$$[|(\sigma_i/\theta_i)\sigma|\geqslant K\wedge T_F(\sigma_i/\theta_i)\sigma] \tag{5-8}$$

换言之，这个时间Petri网不是协同可预测的。

（$\Rightarrow$）假设这个时间Petri网不是协同可预测的，即：

$$(\exists\alpha\in L(N,M_0):T_F\in\alpha)(\forall\beta\in\overline{\alpha}:T_F\notin\beta) \tag{5-9}$$

$$(\forall i\in I)(\exists\theta_i\in L(N,M_0):L_i(\theta_i)=L_i(\beta)\wedge T_F\notin\theta) \tag{5-10}$$

$$(\forall K\in N)(\exists\theta_\gamma\in L(N,M_0))[|\gamma|\geqslant K\wedge T_F\notin\gamma] \tag{5-11}$$

令α为满足上式的一项序列，令β为α最长的无故障前缀，其中$T_F\notin\beta$，即$\beta t_f\in\overline{\alpha}$对某些$t_f\in T_F$成立。显然，序列$\beta$会导向一个边界标记：$M_0\to\beta\to M_B$。对任意$i\in I$，令$\theta_i$为满足上式的无故障序列，且$M_0\to\theta_i\to M_i$。这就符合了非指示标记的定义，即每个$M_i$都是非指示标记。因此，取$\sigma_B=\beta$和$\sigma_i=\theta_i$，所有引理中的条件就都满足了。

在给出检验时间Petri网协同可预测性的正式定理之前，本节先定义两个重要概念边界标记和非指示标记，文献［42］中最早提出了这两个标记。

定义5.18 称一个标记$M\in N^n$为：一个边界标记，若（$\exists t_f\in T_F)[M\to t_f]$；一个非指示标记，若（$\forall K\in N)(\exists\sigma\in T_N^*:|\sigma|\geqslant K)[M\to\sigma]$。

简而言之，边界标记就是故障可以在其下一步发生的标记，而非指示标记是从其开始存在一条任意长无故障序列的标记。由于标记本质上是一个自然数向量，故不存在一个无限长严格单调递减的标记序列。因此，在没有系统死锁的假设下，M 是一个非指示标记，等价于：

$$\exists \sigma_1, \sigma_2 \in T_N^* M \to \sigma_1 \to M_1 \to \sigma_2 \to M_2 \text{ and } M_1 \leqslant M_2$$

5.2.3 基于时间 Petri 网的建筑智能化系统的故障实时性预测

对建筑智能化系统的故障预测，基于时间 Petri 网理论，具有足够的表达能力，可以将工作流程表示成带有时间戳的 Petri 网的表达形式。加入时间戳的变迁能表示实时性的工作过程，库所表示预测情况发生的因果关系或者是条件。一般情况下，故障预测工作流由顺序结构、并行结构以及选择结构这三种常见的结构组合而成。上述的三种结构用 Petri 网表示分别是："与"分叉，"与"合并，"或"分叉，"或"合并。用时间 Petri 网的形式能够表示为图 5-3～图 5-5 所示的形式。

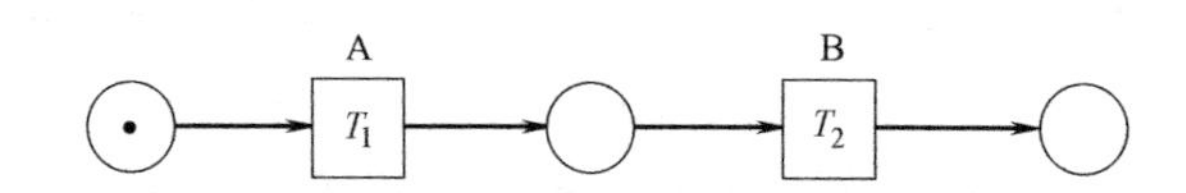

图 5-3　顺序结构的时间 Petri 网

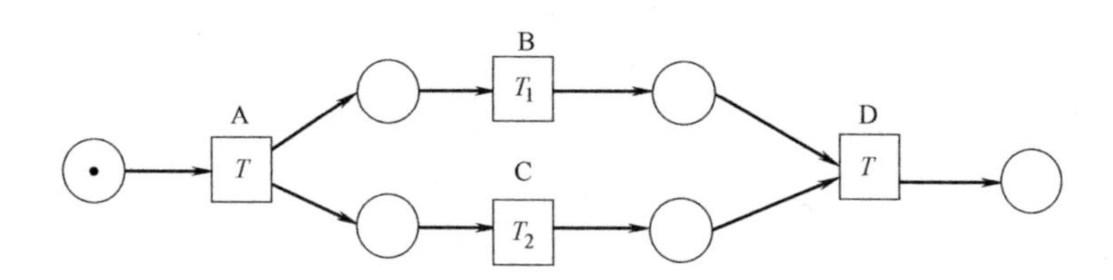

图 5-4　并行结构的时间 Petri 网

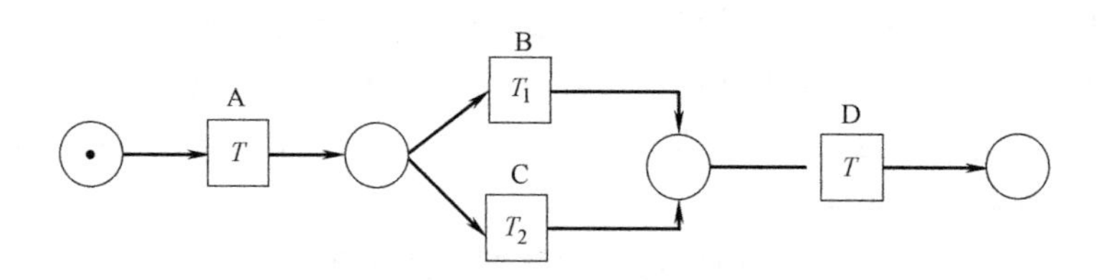

图 5-5　选择结构的时间 Petri 网

基于时间 Petri 网，并按协同可预测性原则，对建筑智能化系统的故障进行实时性预测，时间计算上能够得到很大的简化，但由于分支会导致不确定性，以及对于不同分支，所需要的监测时间不同，因此在预测建筑智能化系统中的故障工作时，仍然无法在定义阶段精确计算其执行时间，只能给出一个估计值，在此采用一个三维向量（$T_{min}, T_{avg}, T_{max}$）来表示执行时间，其中这三个向量分别表示预测故障时“所需最少时间”“所需平均时间”“所需最长时间”，其中平均时间的计算需要考虑每个选择分支被选中的概率。因此，在增加“最快”“平均”“最长”三个约束条件之一的情况下，监测系统故障情况的执行时间是确定的。计算方法如下。

顺序结构：$(T_{min}, T_{avg}, T_{max})=(T_1+T_2, T_1+T_2, T_1+T_2)$。

并行结构：$(T_{min}, T_{avg}, T_{max})=(T_{and}+\max(T_1, T_2), \max(T_1, T_2)+T_{and}, \max(T_1, T_2)+T_{and})$。

选择结构：$(T_{min}, T_{avg}, T_{max})=(T_{or}+\min(T_1, T_2), T_1 * P_1+T_2 * P_2+T_{or}, \max(T_1, T_2)+T_{or})$。

其中，T_{or} 定义为“或”分支的变迁所用时间；T_{and} 定义为“与”分支的变迁所用时间；$P_i(i=1,2,3\cdots)$ 定义为选择结构中选择不同分支的概率，$T_i(i=1,2,3\cdots)$ 定义为四个结构中非“和”分支的变迁的执行时间，（T_{min}，T_{avg}，T_{max}）定义为一个三维向量，当变迁被子网扩展时，$T_j(j=\min, avg, \max)$ 等于子网的执行时间，并且通过逐级迭代以及递归计算就能够计算整个网络的执行时间。

设时间 Petri 网 $\Sigma=(N', T, M_0', \{L_1', L_2'\})$，如图 5-6 所示，其由两个本地代理监控，有能观变迁 $T_{o,1}=\{T_1, T_3\}$，$T_{o,2}=\{T_1, T_2, T_3\}$ 和故障变迁 $T_F=\{f\}$。令字母表为 $\Sigma=\{a, b\}$，设标签函数为 $L'_1(T_1)=a$、$L'_1(T_3)=b$ 和 $L_2'(T_1)=L_2'(T_2)=L'_2T_3)=b$。注意到在故障 f 发生之前，必然需要先触发 T_3，一旦其开火，第一个代理就会观测到事件 $L_1'(T_3)=b$，且第一个观测器下只有变迁 T_3 会产生事件 b，故其可以作为故障警报的可靠信号。因此这个系统是协同可预测的，尽管从第二个观测器的角度来看，所有的变迁都有相同的标签，并不能分辨任何具体的系统动态。

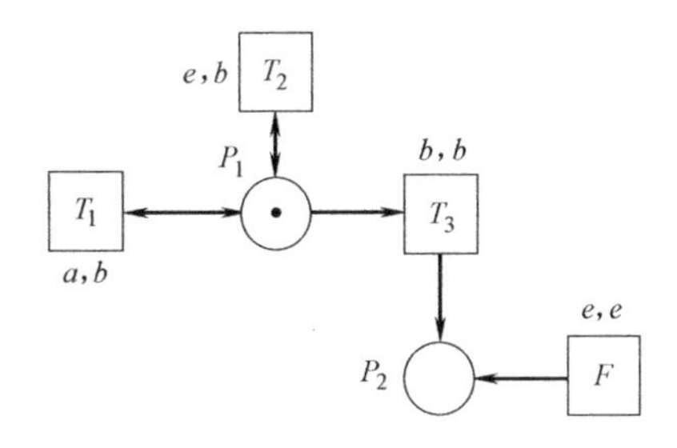

图 5-6　时间 Petri 网（N', T, M_0'，$\{L_1', L_2'\}$）

建筑智能化系统的分布式协同预测的工作环境是分布式部署、异地多终端进行实时监测和协同工作的系统。由于单个时间 Petri 网模型只能表示一个工作流程中单个实例间的时间约束现象，而对于建筑智能化的分布式的协同故障预测系统中含有时间约束的流程来说，一个流程中不同实例或不同流程间的时间约束，需要使用多个时间 Petri 网组合表示。多个单一时间 Petri 网模型通过合并可以构建成组合时间 Petri 网，设一组单一 Petri 网，其构建为一个组合时间 Petri 网的条件为：

（1）增加两个变迁 T_{init} 和 T_{end}，使得 T_{init} 作为所有单一时间 Petri 网输入库所 i 的输入变迁，T_{end} 作为所有单一时间 Petri 网的输出库所 o 的输出变迁；

（2）增加两个库所 P_{init} 和 P_{end}，使得 P_{init} 为上述变迁 T_{init} 的输入库所，P_{end} 为上述变迁 T_{init} 的输出库所；

（3）用有向弧分别连接 P_{init} 和 T_{init} 以及 T_{init} 和各个时间 Petri 网的输入库所 i，并且用有向弧对单一时间 Petri 网的输出库所 o 和 T_{end} 以及 T_{end} 和 P_{end} 进行连接；

（4）通过更改每个单一时间 Petri 网的输入库所 i 的标识，令 $M_0(i)=0$，然后令组合时间 Petri 网的初始标识 $M_0(P_{init})=1$，并令其他剩余库所的标识分别为 0，此时，P_{init} 和 P_{end} 分别代表组合时间 Petri 网的唯一输入和输出库所。

故障预测、监测流程的不同实例间往往因为资源冲突而存在时间约束，也就是说，一个工作点的实例执行的开始，必须要等到其他工作点流程结束后，实例对某资源占用释放后才可以开始。为此，将这种时间约束因素进行分类，首先是同种位置的故障预测流程的不同实例间资源冲突，其次是不同种位置的故障预测流程的实例间资源冲突。对于第一种类型，根据资源冲突中的时间因素，又可分为三种情况：

（1）实例流程的同步并发，即流程的各个实例均在同一时刻执行，各个单一时间 Petri 网中对应变迁的静态触发时间段和触发延迟时间完全相同；

（2）实例流程的异步并发，即流程的各个实例依次执行，各个单一时间 Petri 网中对应变迁的静态触发时间段中至少有一个不同，而触发延迟时间则相同；

（3）实例混合并发，即在一个故障预测的实例空间中，既有实例同步并发，又存在实例异步并发。

对于相同位置的不同实例间因资源冲突而存在的时间约束，若组合时间 Petri 网中的共用库所的输出变迁在某一时刻存在不止一个使能，则赋予使能变迁一个触发优先级，优先级能够随机或采用一定的条件来设置。若具有优先级标识的变迁同时处于使能状态，则只有优先级最高的变迁可以触发。

不同位置的故障预测实例之间，因资源冲突而存在时间约束或存在选择结构的同一位置不同实例间资源冲突对应于不同分支时，在实例中存在时间约束的变迁之间增加联结扩所 P_1，根据时间的先后分别用弧连接对应变迁与 P_1。这样一来，根据上述条件，即可构建基于单一时间 Petri 网的建筑智能化故障预测的组合时间 Petri 网模型，能够描述同一位置中多个工作实例或位置间存在的时间约束。P_{init} 和 P_{end} 分别代表组合时间 Petri 网的唯一输入和输出库所，变迁 T_{init} 和 T_{end} 分别为各个单一故障预测的时间 Petri 网模型的输入、输出库所对应的虚变迁，可以看作瞬时可引发的变迁，其余变迁为实变迁。下面首先分析一系统的性质。

在单一时间 Petri 网基础之上扩展组合时间 Petri 网模型，并且引入了变迁的触发延迟时间，组合时间 Petri 网模型具有与单一时间 Petri 网相同的性质概念，如活性及合理性等。但由于其中引入了时间映射函数，需要对其性质进一步说明。

第一是组合时间 Petri 网的变迁活性。对于一个组合时间 Petri 网模型来说，$N=(P,T;F,M_0,FI,DI)$，对于其中的变迁 $t\in T$ 称为在初始标识 M_0 条件下是具有活性的，通过某触发序列因子 σ 来使得 t 变得具有可触发性，而且能够触发完成，即 $\exists M\in R(M_0)$，t 是可由 M_0 触发成功的。

第二是组合时间 Petri 网的活性。对于一个组合时间 Petri 网模型来说，$N=(P,T;F,M_0,FI,DI)$，其中的每个变迁 $\forall t\in T$ 均满足变迁活性，则称这个组合时间 Petri 网是活的。设组合时间 Petri 网模型中某个状态 $S=(M,FI^k,DI)$，其中的 FI^k 定义为变迁的动态触发时间间隔，DI 定义为变迁的时间映射函数。

第三是组合时间 Petri 网的变迁安全性。对于一个组合时间 Petri 网模型来说，$N=(P,T;F,M_0,FI,DI)$，其中的变迁 $\forall t\in T$ 称为在状态 S 中是安全的，当且仅当 $\forall Pi\in {}^*t\wedge M(P_i)\geqslant 1\rightarrow M(P_j)=0$。

第四是组合时间 Petri 网的变迁时间安全性。对于一个组合时间 Petri 网模型来说，$N=(P,T;F,M_0,FI,DI)$，其中的变迁 $\forall t\in T$ 称为在状态 S 中是时间安全的，其满足下述两个条件：变迁 t 是安全的，且 $FI^k(t)=[x^k(t),y^k(t)]$，$y^k(t)-x^k(t)\geqslant DI(t)$。其中的 $FI^k(t)$ 定义为变迁 t 动态触发的时间间隔，$x^k(t)$ 与 $y^k(t)$ 分别定义为变迁 t 动态最早和最晚发生时间，$DI(t)$ 定义为变迁的时间映射函数。

第五是组合时间 Petri 网的时间安全性。对于一个组合时间 Petri 网模型来说，$N=(P,T;F,M_0,FI,DI)$，如果其中的变迁 $\forall t\in T$ 均满足变迁时间安全性，则称这个组合时间 Petri 网是时间安全的。

对于建筑内的规模复杂的故障预测的分布式工作系统来说，在相互协调来完成故障监测、预测时，由于工作处于建筑的不同位置，建筑智能化故障预测工作过程往往存在时间差异，这时就需要在给故障预测的组合时间 Petri 网的流程建模时，考虑到时间差异问题，即应划分时间区域并设置具有差异的时间戳。基于故障预测的组合时间 Petri 网的流程描述使用全局时钟，同时使用文献给出的超级时间约束方法，接下来在本节中，将给出组合时间 Petri 网来描述多时区业务流程的初始数据项。

组合时间 Petri 网的系统运行数据项定义为，在同一粒度 TG 下，假设 $axis_i$ $(k\in[1,n])$ 表示变迁对应活动所处的不同时区，$TD(axis_i,\ axis_j)$ 表示时区

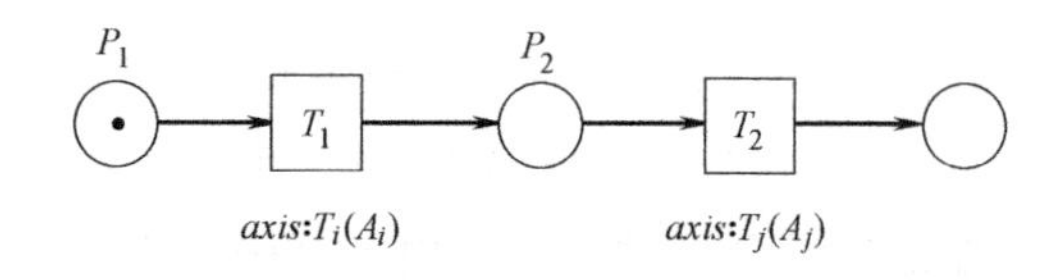

图 5-7　具有时间区域的组合时间 Petri 网预测模型

$axis_i$ 与 $axis_j$ 之间的时间差，$TM(axis_i, <time, axis_j>)$ 定义为时区 $axis_j$ 中的时间 $time$ 转向时间区域 $axis$ 的时间转换函数。如图 5-7 所示，设标识为M_1(1，0，0) 时，变迁 t_i 和 t_j 所表示的活动为 A_i 和 A_j，其中 A_i 和 A_j 处于相邻位置，并分别位于 $axis_i$、$axis_j$ 时间区域，则 $D(A_i)$ 定义为预测工作 A_i 的最大允许延迟时间段；$d(A_i)$ 定义为预测工作 A_i 的最小允许延迟时间段；$T_{\text{trans}}(F_{ij})$ 定义为预测工作由 A_i 到 A_j 的流程所需要的转换时间；$T_{\text{fire}}(t_i)$ 定义为变迁 t_i 持续发生的时间，故有以下变量之间的等量关系：

$$D(A_j)=y_i(t_i)-x_i(t_i) \tag{5-12}$$

$$d(A_j)=T_{\text{fire}}(t_i) \tag{5-13}$$

$$T_{\text{trans}}(F_{ij})=x_j(t_j) \tag{5-14}$$

在以 $axis_i$ 为参考时间区域的情况下，t_i 经过 $T_{\text{fire}}(t_i)$ 触发完成后，系统模型的标识 M_1 改变为 $M_2=(0,1,0)$，此时：

$$T_{\text{dur}}(A_i)=y_i^d(t_i)-x_i^d(t_i), T_{\text{dur}}(A_i)=T_{\text{fire}}(t_i)$$

其中，$T_{\text{dur}}(A_i)$ 表示预测工作运行时，A_i 动态触发所用的延迟时间；$x_i^d(t_i)$ 和 $y_i^d(t_i)$ 分别表示变迁 t_i 动态触发的最早和最晚的出发时间。

$$T_{\text{trans}}(F_{ij})=x_j^d(t_j)$$

其中的 $T_{\text{trans}}(F_{ij})$ 定义为从 A_i 到 A_j 预测工作运行时的流程时间，此时的流程时间包括了网络模型的传输延迟时间等。

设 A_i 中的变迁 t_j 在 $axis_i$ 时间区域的开始使能时刻为 θ_j：

$$\theta_j=TM(axis_i, <time, axis_j>)+x_j^d(t_j)\text{，或者是}$$

$$\theta_j=TM(axis_i, <time, axis_j>)+T_{\text{dur}}(F_{ij})$$

下面对建筑智能化故障预测系统的运行过程进行说明。

当一个组合时间 Petri 网模型运行时，此模型的动态行为能够通过库所标识和变迁动态触发时间间隔来描述，使用二元组 $S=(M, FI^d)$ 来表示其运行状态，并设组合时间 Petri 网的流程中 $\exists t \in T$，用 FI^d 来表示状态 S 中由 $[x^d(t), y^d(t)]$ 组成的每一个变迁所满足触发条件的动态时间范围，$[x^d(t), y^d(t)]$ 定义为静态的变迁时间段，则 $FI^d: T \rightarrow (O^+ \cup \{0\}) \times (O^+ \cup \{0\})$，并且 $FI^d(t)=[x^d(t), y^d(t)]$；

在初始状态为 S 时，如果使能变迁 t_i 通过 $\tau(t_i)$，其中 $\tau(t_i) \in FI^d(t_i)$，并且 $\tau(t_i)$ 应该小于或者等于该时刻状态的其他使能变迁的最大动态触发的时

间 $y^d(t_j)$，i 与 j 为不同时刻，并且 $T_{\text{end}}(t_i)-T_{\text{begin}}(t_i)\geqslant T_{\text{fire}}(t_i)$，或者满足条件 $y^d(t_i)-x^d(t_i)\geqslant DI(t_i)$，此时组合时间 Petri 网模型的变迁动态时间过程以及标识发生改变，并改变为新状态 S'，其变化的规则如下。

(1) 从变迁的节点 t_i 的每个输入库所当中分别减掉一个标识，并且在变迁的节点 t_i 的每个输出库所当中分别加入一个标识；

(2) 状态为 S' 中的使能变迁 $t(t\neq t_i)$，且在状态 S 时为使能，其动态的触发时间段为：

$$x^d(t)=\max\{0,\tau(t_i)-x^d(t)\} \tag{5-15}$$

$$y^d(t)=\max\{y^d(t)-\tau(t_i),y^d(t)\} \tag{5-16}$$

如果 t 触发之后在状态 S' 当中仍然使能，将动态触发时间段设置为静态触发时间段，即：

$$x^d(t)=x(t),y^d(t)=y(t) \tag{5-17}$$

对于建筑智能化故障预测系统来说，需要各位置、各时段的工作协作完成，通过组合时间 Petri 网为并行的预测流程建模，能够更加清晰地描述和掌握系统的分布式协同的工作流程。图 5-7 使用时间 Petri 网来描述某一个建筑智能化系统中的分布式故障预测的协同工作流程，根据以上所述的组合时间 Petri 网的构建规则以及工作流运行规则，将此并行流程合并成为一个组合时间 Petri 网模型，需要注意的是，在建立组合时间 Petri 网模型时，一般情况下需要将时间段划分为工作时间段与非工作时间段，故障预测的执行过程应处于工作时间段之内。

图 5-8 中各个流程的库所以及变迁含义的具体说明见表 5-1。

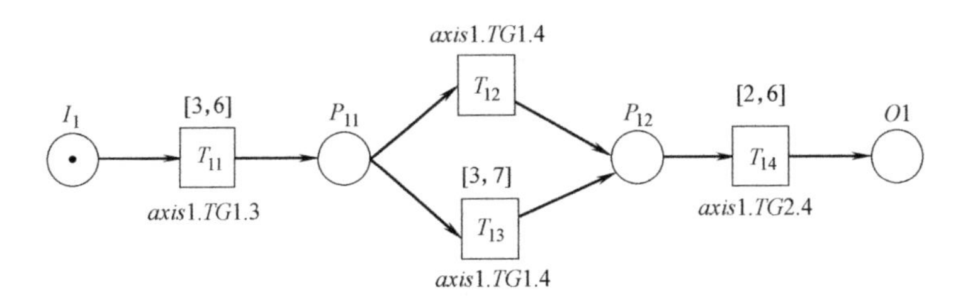

图 5-8 故障预测流程的时间 Petri 网

故障预测流程模型中的结构含义说明 **表 5-1**

结构	含义说明	结构	含义说明
i_1	流程起点	T_{12}	更换故障设备
P_{11}	故障处	T_{13}	维修故障设备
P_{12}	故障预测处理中心	T_{14}	技术更新
T_{11}	反馈故障信息	o	流程结束

其中，变迁 T_{11}、T_{12} 以及 T_{13} 均处于同一时间区域 $axis_1$ 当中；变迁 T_{14} 处于同一时间区域 $axis_2$ 当中，根据建筑智能化系统的实际情况，对不同的变迁设置优先级，亦可对其进行随机设置，并观察系统对建筑内故障的预测情况。设置变迁 T_{13} 的优先级 prio=2，而 T_{12} 的优先级 prio=1，即 prio(T_{13})>prio(T_{12})。

在增加了过渡的连接库所 P_{11} 和 P_{12} 之后，根据上文所述的组合时间 Petri 网的建模流程与规则，将以上两个建筑智能化故障预测系统的单一时间 Petri 网模型合并成一个建筑智能化故障预测系统的组合时间 Petri 网模型。其中，该模型中的库所与变迁的含义均相同，在每一个实变迁当中有变迁延迟时间，而虚变迁 T_{init} 和 T_{end} 则需要看成是能够瞬间触发的变迁，如图 5-9 所示的建筑智能化故障预测系统的组合时间 Petri 网模型。

由于建筑智能化故障预测系统中，各预测设备处于不同的时间和空间区域，因此在图 5-9 的建筑智能化故障预测系统的组合时间 Petri 网模型中，建立两个时间坐标轴，分别定义为 $axis_1$ 和 $axis_2$，其中变迁 T_{14} 和 T_{25} 分别对应着故障预测工作设备位于 $axis_2$ 所表示的区域，而其余的故障预测工作设备均位于 $axis_1$ 所表示的区域，并以 $axis_1$ 为参考位置和时间的坐标轴。假设 TD ($axis_1$, $axis_2$)=20，即 $axis_1$ 相对于 $axis_2$ 的故障预测工作提前 20 个时间单位，而 $axis_2$ 时间区域当中的工作时间映射到 $axis_1$ 时间区域中的工作时间计算公式为：

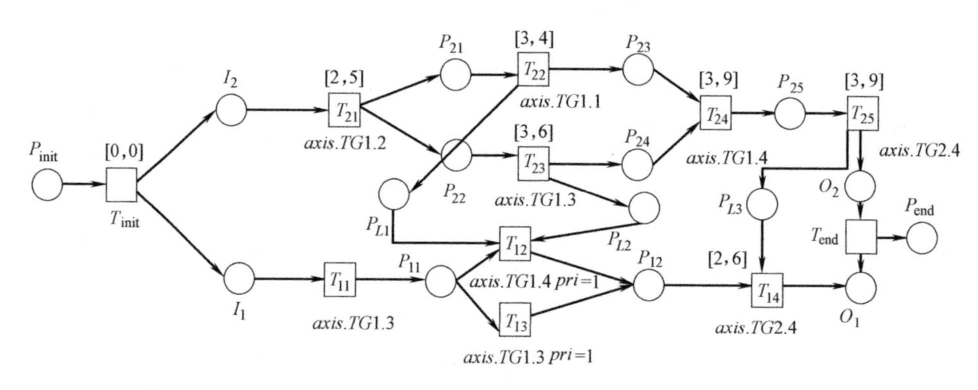

图 5-9　建筑智能化故障预测系统的组合时间 Petri 网模型

$$TM(axis_1, <time, axis_2>)=20$$

设时间坐标轴 $axis_1$ 中的时间度为 TG_1，$axis_2$ 中的时间度为 TG_2，假设 TG_1 与 TG_2 的子时间度为 TG_1，由于时间度的二者关系有 $TG_2 \times i = i \times r \times TG_1$，设置 $r=60$，即可知 $TG_2 \times i = 60 \times TG_1$，由此可得出变迁 T_{14} 当中的出发延迟时间以及静态触发的时间间隔分别表示为 $TG1.4 \times 60$ 以及 2×60 和 6×60，在变迁 T_{25} 中的预测工作触发延迟时间及静态触发时间间隔分别表示为 $TG1.4 \times 60$ 以及 3×60 和 9×60。

(1) 初始状态 $S_0(M_0,FI_0)$，其中的 $M_0(P_{init})=1$，其余的标识 $M_0(P_i)=0(P_i=i_1,i_2,P_{12},\cdots,o_1,o_2,P_{11},\cdots,P_{end})$；各变迁的最早和最晚的预测工作触发时间为：$FI_0(T_{init})=FI_0(T_{end})=[0,0]$，$FI_0(T_{11})=[3,6]$，$FI_0(T_{12})=[3,9]$，$FI_0(T_{13})=[3,9]$，$FI_0(T_{14})=[2,6]$，$FI_0(T_{21})=[2,5]$，$FI_0(T_{22})=[3,4]$，$FI_0(T_{23})=[3,6]$，$FI_0(T_{24})=[3,9]$，$FI_0(T_{25})=[3,9]$。

(2) 设变迁 T_{init} 在 H_0 时刻被触发，并进入状态 $S_1(M_1,FI_1)$，其中的 $M_1(i_1)=M_1(i_2)=1$，其余的库所标识 $M_1(p_i)=0(P_i=P_{init},P_{12};\cdots;o_1,o_2,P_{end})$，$T_{11}$ 和 T_{21} 为使能变迁，由于 T_{11} 和 T_{21} 是在状态 S_1 时变为的使能，而在初始时刻为非使能，所以两个变迁的动态出发时间段为初始静态值。

根据上述对时间戳的定义，以及模型内的触发规则，给出建筑内故障预测的工作开始触发、结束触发等初始静态值分别为 $T_{begin}(T_{11})=H_0+3$、$T_{end}(T_{11})=H_0+6$、$T_{fire}(T_{11})=3$，由此可知 $T_{end}(T_{11})\geqslant FI_0(T_{init})+T_{fire}(T_{11})$，因此 T_{11} 能够被触发；同理，对于 $T_{begin}(T_{21})=H_0+2$、$T_{end}(T_{21})=H_0+5$、$T_{fire}(T_{21})=2$，由此可知 $T_{end}(T_{21})\geqslant FI_0(T_{init})+T_{fire}(T_{21})$，此时的 T_{21} 也能够被触发。

(3) 在 H_0+2+2 时刻，T_{21} 已完成被触发，此时故障预测系统进入状态 $S_2(M_2,FI_2)$，此时 $M_2(i_1)=M_2(P_{21})=M_2(P_{22})=1$，其余的库所标识均为 0；在 H_0+3+3 时刻，T_{31} 已完成被触发，此时故障预测系统进入状态$S_3(M_3,FI_3)$，此时 $M_3(P_{21})=M_3(P_{22})=M_3(P_{11})=1$，其余的库所标识均为 0；在每个变迁当中，$FI_2$ 和 FI_3 的初值与其初始状态相同。

(4) 在 H_0+7+1 时刻，T_{22} 已完成被触发，此时故障预测系统进入状态 $S_4(M_4,FI_4)$，此时 $M_4(P_{11})=M_4(P_{22})=M_4(P_{23})=1$，其余的库所标识均为 0。

(5) 在 H_0+6+3 时刻，T_{13} 在时间上满足触发的条件，然而在组合时间 Petri 网当中，对图 5-8 的流程当中的变迁 T_{12} 和 T_{13} 的选择结构中分别赋予了不同的优先级，即 T_{12} 在 T_{13} 之前被触发而发生，又因为 T_{12} 和 T_{13} 组成选择结构，T_{12} 触发之后 T_{13} 不能被触发，所以在此时刻，系统的状态不发生改变，系统依然为 S_4 状态。

(6) 在 H_0+7+3 时刻，T_{23} 已完成被触发，此时故障预测系统进入状态 $S_5(M_5,FI_5)$，此时 $M_5(P_{11})=M_5(P_{12})=M_5(P_{11})=M_5(P_{23})=M_5(P_{24})=1$，其余的库所标识 P_i，有 $M_5(P_i)=0(P_i=P_{init},P_{21},\cdots,P_{13},\cdots,o_1,o_2,P_{end})$。

(7) 在 H_0+7+4 时刻，T_{12} 已完成被触发，此时故障预测系统进入状态 $S_6(M_6,FI_6)$，此时 $M_6(P_{12})=M_6(P_{23})=M_5(P_{24})=1$，其余的库所标识为 0。

(8) 在 H_0+13 时刻，T_{24} 开始被触发，并且需要 4 个单位的时间才能够被触发完成。在 H_0+17 时刻中，此时故障预测系统进入状态 $S_7(M_7,FI_7)$，此时 $M_7(P_{12})=M_7(P_{15})=1$,其余的库所标识为 0。

(9) 在 H_0+13 时刻之后，建筑智能化预测系统的组合时间 Petri 网模型当中的图 5-8 的流程当中的变迁 T_{14} 首先进入 $axis_2$ 时间区域，当前的时间度由 TG_1 转换为 TG_2，根据其计算方法 $TG_2=60\times TG_1$ 可知，变迁 T_{14} 的触发时刻为 $H_0+13+2\times60-10$，而变迁 T_{25} 的触发时间为 $H_0+17+3\times60-10$，变迁 T_{14} 的触发的完成时刻为 $H_0+13+2\times60-10+4\times60$，此时系统进入状态 $S_9(M_9,FI_9)$。

(10) 在 $H_0+13+2\times60-10+4\times60$ 时刻，变迁 T_{25} 完成触发时间，此时系统进入状态 $S_{10}(M_{10},FI_{10})$，此时 $M_{10}(P_{o1})=M_{10}(P_{o2})=1$，其余变迁为 0。

(11) 在上一步骤进行之后，由于变迁 T_{end} 为虚变迁，导致 $T_{fire}(T_{end})=0$，所以在此时刻之后，T_{end} 被触发完成，此时系统进入状态 $S_{11}(M_{11},FI_{11})$，$M_{11}(P_{end})=1$,其余的标识 P_i,有 $M_5(P_i)=0$,$(P_i=P_{init},P_{21},\cdots,P_{l1},\cdots,P_{o1},P_{o2})$。这样，完整的建筑智能化故障预测系统的工作流程运行完毕。

5.3 时间 Petri 网对系统的实时性评价

上一节中，讨论了从单一时间 Petri 网到组合时间 Petri 网的建模方法，并且对建筑智能化故障预测系统完成了组合时间 Petri 网建立模型的过程。本节将通过几种方法对故障预测系统的组合时间 Petri 网模型的性能进行实时性分析与评价。

5.3.1 Bayes 试验算法

Bayes（也称贝叶斯）试验方法是基于贝叶斯定理而发展起来用于系统地分析解决统计问题的方法。贝叶斯理论的基本思想在于将未知参数的先验信息和样本信息综合，根据贝叶斯定理得出后验信息，再根据后验信息推断未知参数的信息。

Bayes 公式可以表述为：设事件 B_1，B_2，…，B_n 是一个完备时间组，$P(B_i)>0(i=1,2,3,\cdots,n)$，且 $A\subseteq B_1+B_2+\cdots+B_n$；其中 A 为某一事件，$P(A)>0$，则：

$$P(B_i\mid A)=\frac{P(B_i)P(A\mid B_i)}{P(A)}=\frac{P(B_i)P(A\mid B_i)}{\sum_{i=1}^{n}P(B_i)P(A\mid B_i)} \tag{5-18}$$

其中，$P(B_1)+P(B_2)+\cdots+P(B_n)=1$,$P(B_i|A)$ 表示在事件 A 发生条件下，事件 B_i 发生的条件概率。当一随机事件 A 发生后，往往需要推断引起 A 发生的原因，这就需要应用 Bayes 公式。

基于 Bayes 试验的故障预测算法具体如下：在对建筑智能化故障预测系统作出诊断时，主要考虑时间信息对于故障的影响，由于组合时间 Petri 网中变迁的

时间度 TG_i 是一个统计量，所以在此基础上引出一种 Bayes 方法的故障检测和分离算法。

设变迁 t_i 所对应的时间度统计量为 $d_i \sim N(\mu_i,\sigma_i^2)(i=1,2,\cdots,n)$，其中 n 为系统中变迁 t_i 的个数，按系统中的模块功能将 n 个变迁 t_i 连续地分成 m 组，组的时间度量用 $D_j(j=1,2,\cdots,m)$ 来表示，且 t_i 之间相互独立，则有：

$$D_j \sim N(\sum_{i=n_j}^{n_j+l_j-1}\mu_i,\sum_{i=n_j}^{n_j+l_j-1}\sigma_i^2) \tag{5-19}$$

其中，n_j 是 D_j 组中第一个变迁的序号，l_j 是 D_j 组中包含的变迁的个数。设 t_i 之间互不相容，以 $P(t_i)$ 表示 t_i 系统发生故障的概率，简称为先验概率，且满足：

$$\sum_{i=1}^{n}P(t_i)=1 \tag{5-20}$$

设 E 为任一故障事件，则当 E 发生时 t_i 发生故障的概率称为后验概率，可由 Bayes 公式得到：

$$P(t_i \mid E)=\frac{P(t_i)P(E \mid t_i)}{\sum_{i=1}^{n}P(t_i)P(E \mid t_i)} \tag{5-21}$$

从以上的分析可以看出，先验概率的确定是关键，这里主要有客观方法和主观方法两种。客观方法是依据多次的运行记录、维修记录等数据，可以确切地得到先验概率。而主观方法是以经验作为背景来构建各种概率分布，这种方法会不可避免地掺杂进主观成分，故常称为主观概率。由于考虑到在某些情况下，样本数量以及运行、使用、维修数据不太充足等原因，故采用客观和主观相结合的方法来确定先验概率。同时在 Bayes 决策过程中采用极大后验判定逻辑。即：

$$P(t_i|E)=\max(P(t_i|E)) \tag{5-22}$$

式（5-22）成立时，认为当事件 E 发生时，变迁 t_i 是最有可能发生故障的。

如果仅以先验概率和经验判断则可能会出现系统每次出现故障，极大后验判定逻辑都会把后验概率最大的部件或变迁判断为故障，这显然是不合理的。因此，如果能与实时的检测结合起来，利用实时信息来修正原有判断，则会大大地提高诊断准确率。

这种实时判断的原理是，由 Bayes 极大判定逻辑找出后验故障概率最大的模块或变迁，然后对此变迁时间度量的方差作假设检验，以判断变迁发生前后时间度量的方差有无显著性差异。如果有显著性差异，则认为此变迁发生了故障。这里变迁发生前时间度量的方差取决于先验信息，即由系统正常状态下变迁的时间样本获得。

在线检测要求当某一变迁发生后立刻对其进行检测并评估其状态，以尽快地减少故障对系统造成的损害。因此采用 Bayes 试验鉴定方法来确定变迁发生前后时间度量的方差有无显著性差异。这种方法的优点是能充分利用各种验前信息，并将这些信息和现场的试验信息相结合，给出系统性能参数评估。

将 $X^{(0)}=X_1^{(0)},\cdots,X_n^{(0)}$ 定义为验前信息所表示的子样。在一次实验后得到样本信息 X，并进行下列的统计假设检验：

$$H_0: \sigma^2=\sigma_0^2; H_1: \sigma^2=\lambda^2\sigma_0^2, \lambda>1 \tag{5-23}$$

记 x 为时间统计量 d 离开标准中心 μ 的偏差值，即 $x=d-\mu$ 并作为随机变量服从（$0,\sigma^2$）的正态分布，其概率密度函数为：

$$P(x)=\frac{1}{\sqrt{2\pi}\sigma}\exp\left(-\frac{x^2}{\sigma^2}\right) \tag{5-24}$$

在一次故障预测实验之后，得到 x 的值，此时需要判定当 $P(H_0|x)$ 大于某一概率值 t 时（这里称 t 为阈值概率），则能够接受原假设，即可以接受假设 H_0，否则拒绝 H_0。由 Bayes 方法可知，只需比较 P（$H_0|x$）与 $P(H_1|x)$ 即可，对于相互竞择的假设，如果 $P(H_0|x)>50\%$，此处的阈值概率 $t=0.5$，则采纳 H_0，即可认为偏差的 σ 是能够接受的；否则，拒绝 H_0。由 Bayes 公式可知：

$$P(H_0|x)=\frac{P(x|H_0)P(H_0)}{P(x|H_0)P(H_0)+P(x|H_1)P(H_1)}=\frac{1}{1+\dfrac{P(x|H_1)P(H_1)}{P(x|H_0)P(H_0)}} \tag{5-25}$$

此时：

$$\frac{P(x|H_1)P(H_1)}{P(x|H_0)P(H_0)}<1 \tag{5-26}$$

当式（5-26）成立时采纳 H_0，其中：

$$P(H_1)=1-P(H_0) \tag{5-27}$$

$$P(x|H_i)=\frac{1}{\sqrt{2\pi}\sigma}\exp\left(-\frac{x^2}{2\sigma_i^2}\right), i=0,1 \tag{5-28}$$

将式（5-27）和式（5-28）代入式（5-26），有：

$$x^2<\frac{2\sigma_0^2\lambda^2}{\lambda^2-1}\ln\frac{\lambda P(H_0)}{(1-P(H_0))} \tag{5-29}$$

并记：

$$R^2=\frac{2\sigma_0^2\lambda^2}{\lambda^2-1}\ln\frac{\lambda P(H_0)}{(1-P(H_0))} \tag{5-30}$$

式（5-29）是在竞择假设的情况之下，系统发生故障与否的评判依据，于是当式（5-29）成立时采纳 H_0，否则采纳 H_1。式（5-27）和式（5-28）中的 $\lambda>1$，具体的值确定会根据实时的诊断对象而作出不同的调整，在本章的举例中根据方差的特点取 15。$P(H_0)$ 在实际中根据式（5-31）来计算：

$$P(H_0)=P\{\sigma^2\leqslant(\eta\sigma_0)^2\} \tag{5-31}$$

其中，η 取1.2～1.5，在本章的建筑智能化故障预测系统中取值为1.4，此处可参考参考文献［43］。由于这种故障预测的算法往往不需要大量地采集数据，因此对于小样本情况下的建筑智能化故障预测问题有较为明显的优势。

5.3.2　方差验前分布概率的统计方法

由以上算法可以看出，基于Bayes的故障诊断算法的一个重要问题在于确定方差的验前分布概率，而对于 σ^2 服从的验前分布概率，可通过随机加权法或Bootstrap法等途径获得可参见文献［44］。

首先是随机加权法。设 X_i 为落地的随机变量，表示瞄准点至原点的横向坐标或纵向坐标。记 $X=(X_1,X_2,\cdots,X_n)$ 为落点子样本，记 $T_n^{(1)}=\overline{X}-\mu$、$T_n^{(2)}=\frac{n}{n-1}S^2-\sigma^2$，其中 μ 和 σ^2 分别表示 X 的未知期望和方差，$\overline{X}=\frac{1}{n}\sum_{i=1}^{n}X_i$，$S^2=\frac{1}{n}\sum_{i=1}^{n}(X_i-\overline{X})^2$，因此 $T_n^{(1)}$、$T_n^{(2)}$ 分别有随机加权统计量：

$$\frac{D_n^{(1)}=\sum_{i=1}^{n}V_iX_i-\overline{X}}{D_n^{(2)}=\frac{n}{n-1}\sum_{i=1}^{n}V_i(X_i-\overline{X})^2-\frac{n}{n\text{-}1}S^2} \tag{5-32}$$

此处的 V_1，…，V_n 为参数为 $(1,\cdots,1)$ 的随机向量，其联合分布为 $D^n(1,\cdots,1)$，能够通过如下方法而产生：设 $V_1,\cdots,V_n$ 是［0,1］上均匀分布的随机变量 V 的子样本，并按照升序排序，记作 $V_1\leqslant V_2\leqslant\cdots\leqslant V_{n-1}$；而且，$v(0)=0$，$v(n)=1$，$V_{ij}=v(j)-v(j-1)$，$j=1,\cdots,n$，那么，$(V_{i1},\cdots,V_{in})$ 的联合分布就是 $D_n^{(i)}(1,\cdots,1)$，这就是所需要的Dirichlet随机向量。

从而能够计算出随机的加权子样 $D_n^{(1)}(i)$、$D_n^{(2)}(i)$，$i=1$，2，…，N，此时的联合分布函数 μ、σ^2 的估计分别为：

$$\mu=\frac{1}{N}\sum_{i=1}^{N}[\overline{x}-D_n^{(1)}(i)]=\overline{x}-\overline{D_n}^{(1)}\ ; \tag{5-33}$$

$$\sigma^2=\frac{1}{N}\sum_{i=1}^{N}\left[\frac{n}{n-1}S^2-D_n^{(2)}(i)\right]=\frac{n}{n-1}S^2-\overline{D_n}^{(2)}\ ; \tag{5-34}$$

其中 $\overline{D_n}^{(i)}=\frac{1}{N}\sum_{i=1}^{N}D_n^{(1)}(i)$，$\overline{D_n}^{(2)}=\frac{1}{N}\sum_{i=1}^{N}D_n^{(2)}(i)$，$N$ 为任意的自然数。

5.3.3　基于Bootstrap的故障预测算法

建筑智能化的故障预测实例中能够采用Bootstrap方法，其具体算法如下：

(1) 由落点 $X=(x_1,x_2,\cdots,x_n)$ 求出样本的期望 $\widehat{\mu}$、样本的方差 $\widehat{\sigma^2}$，从

而，能够确定正态分布 F_n：$N(\widehat{\mu}, \widehat{\sigma^2})$；

（2）F_n 产生 N 组 Bootstrap 子样本 $X^*(1), X^*(2), \cdots, X^*(N)$，其中 $X^*(i)=(x_{i1}^*, x_{i2}^*, \cdots, x_{im}^*), i=1,2,\cdots,N, m$ 为每组的样本容量；

（3）对每组 $X^*(i)$，分别求出 Bootstrap 的统计量 $R_n^*(i)=\widehat{\sigma^*}(i)^2-\widehat{\sigma^2}$，$i=1, 2, \cdots, N$；

（4）以 $R_n^*(i)$ 作为 $R_n=\widehat{\sigma^2}-\sigma^2$ 的估计，得到 σ^2 的一组估计 $\widehat{\sigma_1^2}$，$\widehat{\sigma_2^2}$，$\cdots$，$\widehat{\sigma_N^2}$，其中 $\widehat{\sigma_i^2}=\widehat{\sigma^2}-R_n^*(i), i=1,2,\cdots,N$；

（5）由估计值 $\widehat{\sigma_1^2}$，$\widehat{\sigma_2^2}$，$\cdots$，$\widehat{\sigma_N^2}$ 作直方图，从而能够得到 σ^2 的验前密度 $\pi(\sigma^2)$。

以上介绍的两种方法均可以计算出方差的验前分布概率的规律，所以可进一步用在时间 Petri 网对故障预测的研究当中。

对上述的建筑智能化故障预测系统的组合时间 Petri 网模型进行性能分析，检测其运行时的实时参数，根据先验信息可对系统故障作出诊断，并验证所提出的故障诊断方法。

选取建筑智能化系统内模块库所 P_{21}、P_{22}、P_{23}、P_{24}，这四个库所均与建筑设备主件中心以及建筑设备零件中心相关，对此进行故障预测。分别对正常工作条件下的时间统计量 T_{22}、T_{23} 进行采集，所得部分数据见表 5-2。

模块库所变迁时间 **表 5-2**

P_{21}	P_{22}	P_{23}	P_{24}
0.39	0.78	0.57	0.34
0.36	0.65	0.23	0.79
0.38	0.72	0.56	0.25
0.38	0.94	0.79	0.65
0.33	0.84	0.56	0.46

可由先验知识来确定的算法初始信息见表 5-3。

模块库所变迁时间 **表 5-3**

变迁	T_{22}	T_{23}
$P(t_i)$	0.22	0.76
$P(E\|t_i)$	1	1
λ_i	15	15
${\sigma_i}^2$	0.0039	0.0037
μ_i	0.47	0.38
$P(H_i)$	0.92	0.91

根据表5-2和表5-3所统计的数据，对以上两个设备中心进行故障预测的结果见表5-4。表中是预测中心完成一次预测工作之后各 T_i 所对应的 d_i、$P(t_i|E)$、R_i、α 以及 β 等，E 表示出现设备中心故障的事件，N 表示设备正常，Y 表示故障状态。

模块诊断结果　　　　表5-4

变迁	T_{22}	T_{23}
d_i	0.63	0.92
$\|d_i-\mu_i\|$	0.16	0.54
$P(t_i\|E)$	0.34	0.65
R_i	0.15	0.23
α	0.0007	0.0006
β	0.09	0.08
预测结果	N	Y

通过上述对建筑智能化故障预测的组合时间Petri网模型的运行分析、计算能够得出，T_{22} 的概率最大，进一步判断其是否满足故障评判依据，变迁发生后的方差和先验方差并无显著性差异，故而判断其为正常状态。同理，依据发生概率的大小顺序依次对各个 T_i 进行判断，最后可得 T_{23} 为故障状态。因此，Bayes实验鉴定方法用于对样本方差差异的显著性检验有着良好的效果，且诊断程序是以最大故障概率方向来检测系统的状态，这样在概率意义上可大大缩短检测故障的路径，并缩短检测时间，适用于建筑智能化系统内在线的实时检测。而且，系统故障预测工作若是在 H_0 时刻开始，能够推断出在图5-7中流程一运行过程中，整个系统在 H_0+367 这时刻完成预测工作；同样地，能够推断出在图5-7中流程二运行过程中，整个系统在 H_0+425 这时刻完成预测工作。采用分布式的故障预测的协同工作的建模方法，通过计算，整个系统的效率为85.4%，由此可知，该建模方法与故障预测的工作方式具有更高的效率与实用性。

第6章　基于模糊Petri网的建筑智能化系统性能分析

由于传统的 Petri 网无法处理带有模糊特性的内容，因此，传统 Petri 网在进行复杂系统建模时缺乏韧性。为了能够表示非确定性知识和提高 Petri 网的韧性，不同的 Petri 网和模糊集理论相结合的方法被提出，主要表现在引入模糊的方式上，1988 年，C. G. Loony 首先提出基于规则决策的模糊 Petri 网（Fuzzy Petri Net，FPN），允许库所中的值不必是自然数，可以是 0～1 之间的一个值，表示命题的置信度，同时变迁上的模糊数则表示规则的置信水平，但没有给出模糊 Petri 网的明确定义。1989 年，R. Valette 等提出的 FPN，其中库所中的托肯由库所的一个模糊集表示托肯的可能分布，每个变迁被赋予一个模糊时间，通过与当前的时间相比较，可以知道变迁的触发状态——未触发、可能已触发或确定已触发，从而系统的标识也随之可得。模糊 Petri 网是基于模糊产生式规则的知识库系统的良好建模工具，但不具有学习能力，其中的参数一般是专家的经验数据，难以精确获得，甚至根本不可能获得。神经网络具有很强的自适应和自学习能力，近年来，一些研究者试图把神经网络的学习功能与模糊 Petri 网进行结合，具有代表性的有 Looney 提出的有学习能力的模糊 Petri 网，提出了对阈值的调整；K. Hirasawa 等结合 Petri 网的分布函数功能和神经网络的学习能力提出了一种学习 Petri 网，这种学习 Petri 网在学习过程中不是对所有的神经元进行训练，而是具有路径选择能力，仅对选取路径上的权值进行训练；E. C. C. Tsang 等讨论了在系统没有阈值条件下的权值和信任度的学习算法，其中的命题值采用的是相似度，有较大的局限性；文献［46］将神经网络和模糊 Petri 网结合起来，提出了在较严格条件下的权值学习问题，并且将模糊 Petri 网模型转化为类神经网络进行学习，知识的模糊推理在模糊 Petri 网模型上进行，而权值的学习又在类神经网络模型中运算；文献［47］把神经网络中的 BP 网络算法引入 FPN 模型中，在 FPN 模型上用误差反传算法计算一阶梯度的方法对模糊产生式规则中的参数进行学习和训练。

对复杂系统可靠性建模和评估是非常困难的，利用专家知识对复杂系统进行可靠性估计可以避免复杂系统建立可靠性模型的困难。但现有模糊 Petri 网的定义和引发规则都不适用于可靠性的计算。文献［48］在研究现有模糊 Petri 网表示模糊产生式规则的基础上，结合可靠性运算的特点，提出一种新的适合于可靠性计算的模糊神经 Petri 网及其引发规则，并给出了一种学习算法。即对复杂系统的内部结构建立模糊神经 Petri 网模型，当具有实验数据时可通过学习调整该模型的参数以获得系统内部的等效结构，从而计算出非样本数据系统的可靠度。最后以桥式网络和无向网络为例证明了所提方法的有效性。

6.1　模糊 Petri 网

6.1.1　模糊 Petri 网的定义

对于模糊 Petri 网的定义，至今还没有形成一个统一的标准，在此引用文献［47］中给出的定义形式。

定义 6.1　模糊 Petri 网定义为一个十元组 $FPN=(P,T,C,I,O,M,Th,W,f,\beta)$。其中：

(1) $P=\{p_1,p_2,\cdots,p_m\}$ 是模糊库所的有限集合；

(2) $T=\{t_1,t_2,\cdots,t_n\}$ 是模糊变迁的有限集合；

(3) $P\cap T=\varnothing$，$P\cup T\neq\varnothing$；

(4) $C=\{c_1,c_2,\cdots,c_m\}$ 是命题的有限集合，且 $|P|=|C|$；

(5) I：$P\times T\rightarrow\{0,1\}$ 为输入函数，若 $I(p_i,t)=1$，则从库所 p_i 到变迁 t 之间有一条有向弧，是变迁 t 的输入弧，库所 p_i 是变迁 t 的输入库所；

(6) O：$T\times P\rightarrow\{0,1\}$ 为输出函数，若 $O(t,p_i)=1$，则从变迁 t 到库所 p_i 之间有一条有向弧，是变迁 t 的输出弧，库所 p_i 是变迁 t 的输出库所；

(7) M：$P\rightarrow[0,1]$ 是一个映射，每一个库所节点 $p_i\in P$ 有一个标记值 $M(p_i)$ 反映库所节点表示的命题的真实程度；

(8) Th：$T\rightarrow[0,1]$ 是一个映射，给变迁 $t\,(t\in T)$ 赋予规则的确信度 $T_h(t)=\mu$；

(9) $W=\{w_1,w_2,\cdots w_r\}$ 是规则的权值集合，反映规则中前提条件对结论的支持程度；

(10) f：$T\rightarrow[0,1]$ 是一个映射，对变迁节点 $t(t\in T)$ 定义一个阈值 $f(t)=\lambda$；

(11) β：$P\rightarrow C$ 是一个映射，反映库所节点与命题之间的一一对应关系。

定义 6.2　$\forall t\in T$，若 $\forall p_{Ij}\in I(t)$，$\sum_{j=1}^{m}M(p_{Ij})\cdot w_{Ij}\geqslant Th(t)$，其中 $j=1,2,\cdots,m$，则称变迁 t 是使能的。

对于任意变迁 t 来说，若它的所有输入库所的标记值与相应的输入弧上的权值之积的和大于等于变迁的阈值，则变迁 t 是使能的。

定义 6.3　使能的变迁可以引发，当变迁 t 引发后，它的输入库所中的标记值不改变，而向输出库所 p 传送新的标记值 $f(t)\cdot\sum M(p_{Ij})\cdot w_{Ij}$，$p_{Ij}\in I(t)$，$w_{Ij}$ 为 t 的相应输入弧上的权值；库所 p 可能是多个变迁 $t_i(i=1,2,\cdots,n)$ 的输出库所，当这些使能的变迁 t_i 引发后，库所 p 得到的标记值 $M(p)$ 为传送来的值中最大的一个值，即 $M(p)=\max[f(t_1)\cdot\sum_j M(p_{1j})\cdot w_{1j},f(t_2)\cdot\sum_j M(p_{2j})\cdot w_{2j},\cdots,f(t_n)\cdot\sum_j M(p_{nj})\cdot w_{nj}],p_{ij}\in I(t_i),(i=1,2,\cdots,n)$。

在 FPN 模型中，若存在变迁 t_1，库所 $p\in I(t_1)$，但不存在变迁 t_2，库所 $p\in O(t_2)$，则库所 p 对应的命题为规则库的前提命题。若存在变迁 t_1，库所 $p\in O(t_1)$，但不存在变迁 t_2，库所 $p\in I(t_2)$，则库所 p 对应的命题为规则库的结论命题。其他的既是输入库所又是输出库所的库所对应的命题为中间命题。

定义 6.4　在 FPN 模型中，若 t_1 是一个变迁，p_i、p_j、p_k 是库所，如果 $p_i\in I(t_1)$ 且 $p_j\in O(t_1)$，则称从 p_i 直接可达 p_j。如果从 p_i 直接可达 p_j，且 p_j 直接可达 p_k，则称从 p_i 可达 p_k。所有从 p_i 直接可达的库所构成 p_i 直接可达集合，记作 $IRS(p_i)$。所有从 p_i 可达的库所构成 p_i 可达集合，记作 $RS(p_i)$。

6.1.2　模糊 Petri 网中模糊规则的表示

模糊 Petri 网从一开始就是基于对知识表达和逻辑推理而提出的。一条模糊产生式“与”规则对应 FPN 中的一个变迁，一条模糊产生式“或”规则对应 FPN 中的一组变迁，一条模糊产生式“非”规则对应 FPN 中的一个变迁。规则中的命题与 FPN 中的库所一一对应，规则中的模糊命题的当前隶属度值为库所中的标记值，规则的信任度和阈值对应变迁的一个映射函数，规则中的权值在变迁的相应输入有向弧中。这样，模糊“与”规则、模糊“或”规则，和模糊“非”规则的 FPN 表示如图 6-1（a）、（b）、（c）所示。

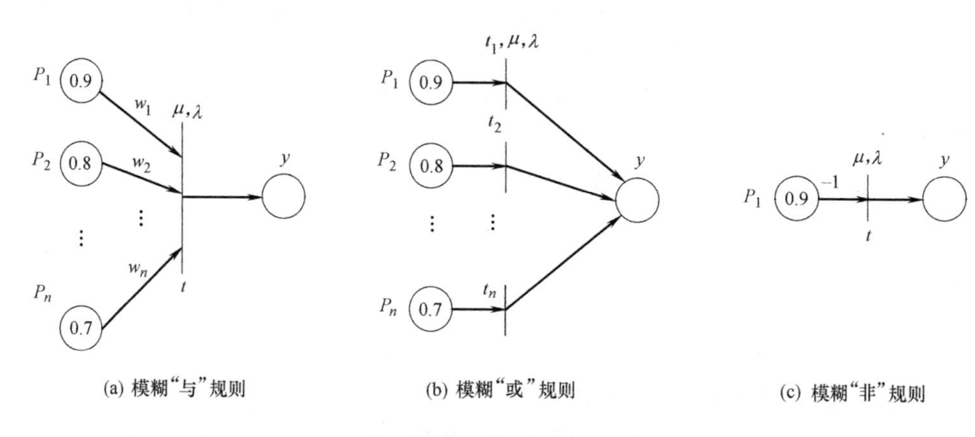

图 6-1　模糊逻辑规则的 FPN 表示

图 6-1（a）表示“与”规则：

$$\text{if } M(p_1)=0.9 \text{ and } M(p_2)=0.8 \text{ and } \cdots \text{ and } M(p_n)=0.7$$

$$\text{then } y(CF=\mu),\lambda,w_1,w_2,\cdots,w_n$$

$M(p_i)(i=1,2,\cdots,n)$ 是前提命题，y 是结论命题，μ 是规则的可信度，λ 是规则的阈值，是所有前提条件支持结论的阈值，阈值是 0～1 之间的一个值，w_i 是权值，表示前提命题 $M(p_i)$ 对结论命题 y 的影响程度，且 $w_1+w_2+\cdots+w_n=1$。

图 6-1（b）表示“或”规则：

$$\text{if } M(p_1)=0.9 \text{ and } M(p_2)=0.8 \text{ and } \cdots \text{ and } M(p_n)=0.7$$

$$\text{then } y(CF=\mu),\lambda$$

$M(p_i)(i=1,2,\cdots,n)$ 是前提命题，y 是结论命题，μ 是规则的可信度，λ 是规则的阈值。

图 6-1（c）表示“非”规则：

$$\text{if} M(p_1)=0.9$$

$$\text{then } y(CF=\mu),\lambda$$

$M(p_1)$ 是前提命题，y 是结论命题，μ 是规则的可信度，λ 是规则的阈值。

6.2　模糊推理算法

6.2.1　模糊推理算法的步骤

模糊集合理论为模糊不精确、不确定的知识表示奠定了理论基础，建立在模糊集合上的模糊推理方法一般使用最大、最小运算规则。模糊 Petri 网既为模糊产生式规则建立了一个直观的图形化模型，又为模糊推理建立了结构化的推理机制。基于 FPN 模型的模糊推理算法主要是解决当已知规则中前提命题的真实程度时，如何推导出结论命题的真实程度。基于 FPN 的模糊推理算法很多，其中大多数都适用了模糊集合理论中的最大、最小运算规则，文献［46,47］采用了一个 S 形函数，建立了变迁引发连续函数的最大、最小运算连续函数。总的来说，FPN 的模糊推理算法的步骤如下。

第一步：给定初始标记、各库所对应的命题的真实程序及其相应的权值和各变迁的可信度及其阈值，将变迁集 T 分成两个集合，即已经引发的变迁集、未引发的变迁集。

第二步：检查未引发的变迁集中是否存在满足引发条件的变迁，如果有，则转向下一步，否则停止运行。

第三步：依次引发上一步中找出的满足引发条件的变迁，按照各自定义的引发规则得到引发后的系统标识，从未引发变迁集中删除刚引发的变迁，并将其加入到已经引发的变迁集中。

第四步：如果未引发变迁集非空，则返回到第二步，否则停止运行。

运行完 FPN 的模糊推理算法后，可以得到系统 FPN 的可达标识集，从系统的可达标识集可以研究系统的各种性质，如安全性、并发性、有界性等。因此，FPN 应用到了知识库系统的多个方面，例如决策支持、数据一致性检查、知识库系统维护和故障诊断等方面。

6.2.2 模糊知识库的表示方法

在系统性能的分析中，一般的专家知识是针对复杂系统的一种结构的模糊判断，也是一种模糊规则集，其中包括输入变量集、中间变量集，以及输出变量集。输入变量集是一组相互独立且仅出现在规则的前提命题中的变量集；输出变量集是依赖于输入变量或中间变量且仅出现在结论命题中的变量集；中间变量是既作为某些输入变量的结论命题又作为某些输出变量的前提命题的变量集。但是它对权值的规定与一般模糊规则不同，它不是表示前提命题对结论命题的影响程度，而是表示当一个命题属于多个模糊产生式规则的输入命题时，该命题对于不同规则的隶属程度，且每一个前提命题的各个权值之和应等于 1。

若 R 是模糊规则集，$R=\{R_1,R_2,\cdots,R_m\}$，那么，$R_i(i=1,2,\cdots,m)$，可以分为以下三种情况。

1. “与”逻辑

“与”逻辑规则一般表示如下。

$$R_i:\text{if}(x_1 \text{ and } x_2 \text{ and } \cdots \text{ and } x_n)$$
$$\text{then } y(CF=\mu)$$

其中，x_1，x_2，…，x_n 是前提命题；y 是结论命题；μ 是规则的信任度，且 $0<\mu<1$。

2. “或”逻辑

“或”逻辑规则一般表示如下。

$$R_i:\text{if}(x_1 \text{ or } x_2 \text{ or } \cdots \text{ or } x_n)$$
$$\text{then } y(CF=\mu_1,\mu_2,\cdots,\mu_n)$$

其中，x_1，x_2，…，x_n 是前提命题；y 是结论命题；$\mu_i(i=1,2,\cdots,n)$ 是规则的信任度，且 $0<\mu_i<1$。

3. “非”逻辑

“非”逻辑规则一般表示如下。

$$R_i:\text{if} x$$
$$\text{then } y(CF=\mu)$$

其中，x_1，x_2，…，x_n 是前提命题；y 是结论命题；μ 是规则的信任度，且 $0<\mu<1$。

可以看出，这种模糊规则无法用现有的 FPN 来直接表示，除此之外，系统性能分析计算不能采用模糊推理的最大、最小运算规则。因此，有必要研究一种新的既适用于性能分析计算，又具有模糊推理表达能力的形式化建模工具。

6.3 模糊 Petri 网模型与评估

6.3.1 模糊神经 Petri 网

针对目前模糊规则无法用现有 FPN 直接表示的问题，文献［48］给出了一种适合于系统分析计算的模糊神经 Petri 网，其定义如下。

定义 6.5 一个模糊神经 Petri 网（Fuzzy Neural Petri Net，*FNPN*）是一个九元组：$FNPN=(P,T,F,C,W,\mu,\alpha,\beta,M)$。其中：

（1）$P=\{p_1,p_2,\cdots,p_m\}$ 是库所的有限集合；

（2）$T=\{t_1,t_2,\cdots,t_n\}$ 是变迁的有限集合；

（3）$F\subseteq(P\times T)\cup(T\times P)$ 为弧的有限集合；

（4）$C=\{X,Y,G\}$ 是命题集合，其中 $X=\{x_1,x_2,\cdots,x_n\}$ 为输入命题，$Y=\{y_1,y_2,\cdots,y_m\}$ 为中间命题，$G=\{g_1,g_2,\cdots,g_q\}$ 为结论命题；

（5）$W=\{w_1,w_2,\cdots,w_n\}$ 是输入弧上的权值集合，当一个命题是多个变迁的前提命题时，表示该命题对各变迁的隶属程度，其值为 0～1 的实数，并且一个命题对各变迁的隶属度之和为 1；

（6）$\mu=\{\mu_1,\mu_2,\cdots,\mu_n\}$ 为模糊信任度的有限集合；

（7）$\alpha=P\rightarrow C$ 为库所到命题的映射；

（8）$\beta=T\rightarrow\mu$ 为变迁到信任度的映射；

（9）$M=P\rightarrow[0,1]$ 是一个映射，每一个库所节点 $p_i\in P$ 有一个标记值 $M(p_i)$，反映库所节点表示的命题的真实程度。

定义 6.6 对于一个变迁 $t\in T$，若 $\forall p_i\in I(t)$，都有 $M(p_i)>0(i=1,2,\cdots,n)$，称变迁 t 是使能的。

定义 6.7 一个变迁引发后，它的输入库所中的标记值不变，而向输出库所 p 传送新的标记值，该标记值确定如下：当库所 p 是单个变迁的输出库所时，$M(p)=\mu\times\Pi_i M(p_i)$，$p_i\in I(t)$，$\mu$ 为变迁 t 的信任度；当库所 p 是多个变迁的输出库所时，$M(p)=1-\Pi_j\mu_j\times\{1-\Pi_i M(p_{ij})\}$，$p_{ij}\in I(t_j)$，$\mu_j$ 为变迁 t_j 的信任度。

和模糊 Petri 网一样，一条模糊产生式“与”规则对应 FNPN 中的一个变迁，一条模糊产生式“或”规则对应一组变迁，一条模糊产生式“非”规则对应一个变迁。规则中的命题与 FNPN 中的库所一一对应，规则中的模糊命题的当前隶属度值为库所中的标记值，规则的信任度对应变迁的一个映射函数。因此，6.1 节中的模糊“与”规则、模糊“或”规则和模糊“非”规则的 FNPN 表示分别如图 6-2 所示。

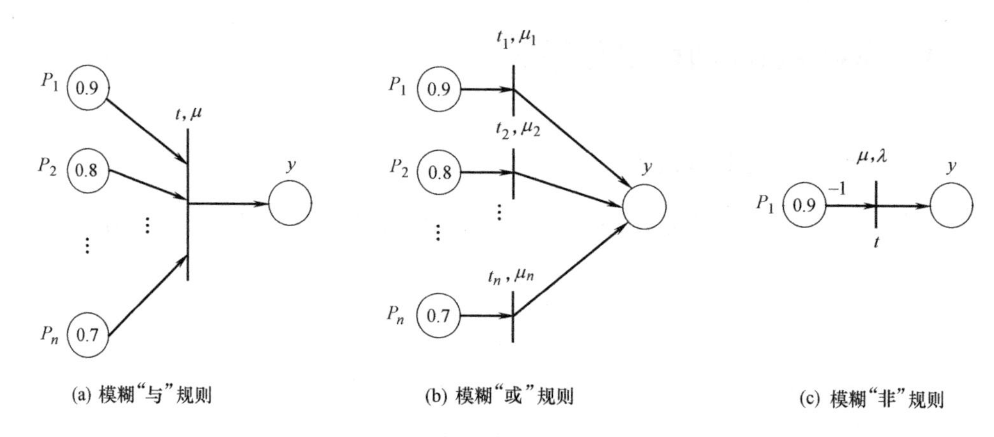

图 6-2　模糊逻辑规则的 FNPN 表示

当一个前提命题作为多个变迁的输入命题时，这个前提命题必须有一组权值的分配，表示该前提命题对于不同规则的隶属程度，并且每一个前提命题的各个权值之和等于 1。此时，定义 6.7 中的变迁引发规则相应地修正为：当库所 p 是单个变迁的输出库所时，$M(p)=\mu\times\Pi_i M(p_i)$，$p_i\in I(t)$，$\mu$ 为变迁 t 的信任度；当库所 p 是多个变迁的输出库所时，$M(p)=1-\Pi_j\mu_j\times\{1-\Pi_i w_{ij}M(p_{ij})\}$，$p_{ij}\in I(t_j)$，$\mu_j$ 为变迁 t_j 的信任度。

6.3.2　模糊 Petri 网与专家系统

图 6-2 中的 FNPN 模型是基于专家知识对系统内部结构的一种推测，专家系统运用了人工智能领域的最新技术，主要思路是根据实际应用模拟对应的专家知识，从而解决现实问题，通过观察、计算、处理、决策等过程进行诊断。模糊 Petri 网专家系统的结构示意图如图 6-3 所示。专家系统主要包含了知识获取模块、知识管理模块、知识校验模块、系统解释模块、系统推理模块、专家知识库模块等主要功能模块。

在图 6-3 中，数据接口模块是用户和专家进行信息交互的通道，通过数据接口，可以使用户的操作过程更加方便和直观。知识获取模块的主要作用是将实际应用领域的相关知识和专家经验转化为计算机能够识别的表达形式，使系统能够自动化处理和决策。知识管理模块的主要作用是设置用户的使用权限、实现领域知识的可视化，以及管理专家知识的获取。知识校验模块主要负责系统处理和决策的可靠性和正确性。系统推理模块是整个专家系统最重要的部分，它是系统推理的依据，构建输入信息与输出信息之间的推理规则。系统解释模块为系统工作中人机交互求解过程提供说明，对系统推理路径进行记录，同时对最后结果的合法性作出解释。专家知识库模块的作用是存储专家知识，该模块决定了专家系统性能的优劣。专家知识库模块的建立需要根据不同的情况设置不同的特征值，在整个系统的信息处理过程中，各个元件模块及通信模块都会产生大量的状态信息数据，产生大量的历史数据，需要尽可能多地采集各种类型的具有明确特征的数据。将不同类型数据进行相应的数据处理，设定相关的阈值以及预警值。

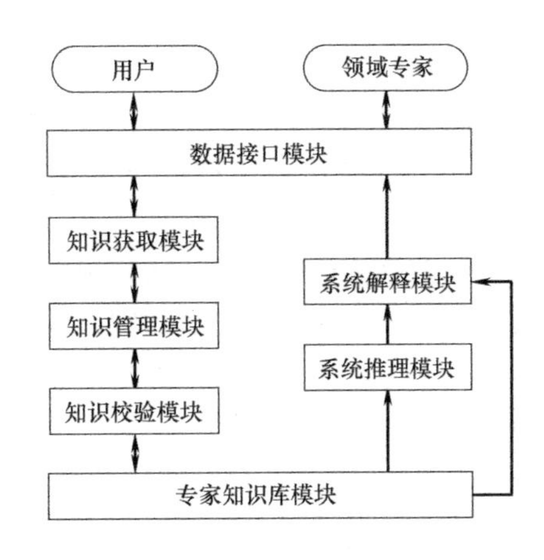

图 6-3　模糊 Petri 网专家系统结构示意图

FNPN 模型专家系统的学习算法用分层次分部件的学习思想，目标函数选为误差平方和的均值，学习训练的结果应使目标函数值达到最小。其学习算法如下。

第一步：初始化，根据专家经验输入各个权值和变迁信任度的初始值，并把输入命题和中间命题的总个数设置为 n，变迁的总个数设置为 m，样本总数设置为 N，i 和 j 分别初始化为 1，学习步长设置为 δ。

第二步：计算初始误差，根据初始权值和信任度及定义 6.7 的引发规则，计算出一组系统可靠度 D_k，并根据 $f_0=\frac{1}{N}\sum_{k=1}^{N}(D_k-R_{sk})^2$ 计算出初始误差值，其中 R_{sk} 表示可靠度的样本值；判断其是否小于规定的误差限，如果是则直接结束，否则进入下一步。

第三步：对部件 i 的权值进行调整，并判断是否每个值都大于等于零，如果都大于等于零，则进行下一步，否则转至第六步；

第四步：计算出当前系统的误差值 f_i，若 $f_i<f_{i-1}$，则返回至第三步，否则进入下一步。

第五步：重新调回原权值，说明上一步的调整方向不合适。

第六步：令 $i=i+1$，并判断 i 是否大于 n，若不大于 n 则返回至第三步，进行下一部件的调整，否则进入下一步。

第七步：判断此时的 f_i 是否小于等于要求的误差限，若已达到规定的误差限，则结束训练；否则，判断训练次数是否超过规定权值，若没有超过，则把 f_i 的值赋给 f_0，重新使 $i=1$，返回至第三步，开始下一轮训练；若已超过权值的训练次数，则进入下一步。

第八步：对信任度进行训练，逐个调整信任度的值，但不能超过 1，并逐次计算 f_i 并判断是否小于等于规定的误差限，若已经达到误差限，则结束训练，否则持续调整信任度，直至达到规定的信任度训练次数为止。此时，若还达不到要求的误差限，则修改模糊规则，然后返回第一步重新学习。

这种学习算法的收敛速度与专家知识的准确程度有关，专家知识越准确，其收敛速度越快。

6.4 案例分析

本节仍以建筑智能化系统通信网络为例，建筑智能化系统通信网络的构成在 3.2 节中已经描述，在这里不再说明。可以将建筑智能化系统通信网络变换为图 6-4 所示。

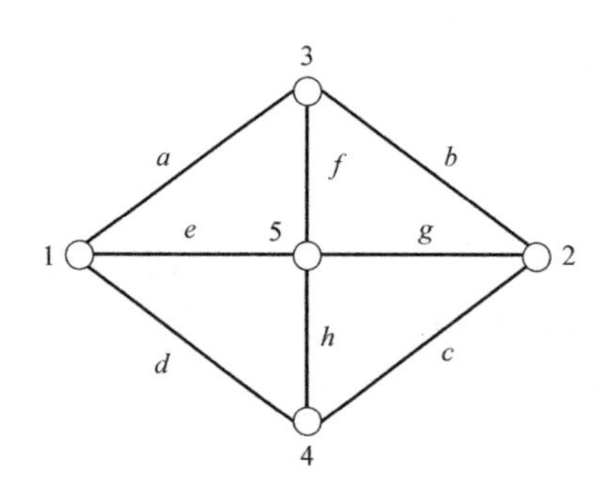

图 6-4　简化网络图

节点 1 和节点 2 分别表示为输入和输出节点，不考虑节点的失效，仅考虑边的失效。该系统的部件数为 8，可以将它的专家系统修改为 RR。

$$R_1\text{: if } x_1 \text{ or } x_2 \text{ or } x_3 \text{ or } x_4 \text{ or } x_5 \text{ or } x_6 \text{ or } x_7 \text{ or } x_8$$

$$\text{then } y_1(CF=\mu_{11},\mu_{12},\mu_{13},\mu_{14},\mu_{15},\mu_{16},\mu_{17},\mu_{18},w_{11},w_{21},w_{31},w_{41},w_{51},w_{61},w_{71},w_{81});$$

$$R_2\text{: if } x_1 \text{ and } x_2 \text{ and } x_3 \text{ and } x_4 \text{ and } x_5 \text{ and } x_6 \text{ and } x_7 \text{ and } x_8$$

$$\text{then } y_1(CF=\mu_2,w_{22},w_{32},w_{42},w_{52},w_{62},w_{72},w_{82});$$

$$R_3\text{: if } y_1 \text{ or } y_2$$

$$\text{then } y_3(CF=\mu_{31},\mu_{32},w_{91},w_{a1});$$

$$R_4\text{: if } y_1 \text{ and } y_2$$

$$\text{then } y_4(CF=\mu_4, w_{92}, w_{a2});$$
$$R_5: \text{if } y_3 \text{ or } y_4$$
$$\text{then top}(CF=\mu_{51}, \mu_{52});$$

其中，$w_{11}+w_{12}=1$；$w_{21}+w_{22}=1$；$w_{31}+w_{32}=1$；$w_{41}+w_{42}=1$；$w_{51}+w_{52}=1$；$w_{61}+w_{62}=1$；$w_{71}+w_{72}=1$；$w_{81}+w_{82}=1$；$w_{91}+w_{92}=1$；$w_{a1}+w_{a2}=1$。

该专家系统的 FNPN 模型如图 6-5 所示，其中，$x_1 \sim x_8$ 表示部件 a、b、c、d、e、f、g、h 的可靠度。假设系统中各条边的可靠度分别为 R_a、R_b、R_c、R_d、R_e、R_f、R_g、R_h，可由全概率计算得到系统的可靠度。随机产生 100 组部件可靠度值，可得到系统可靠度样本值。

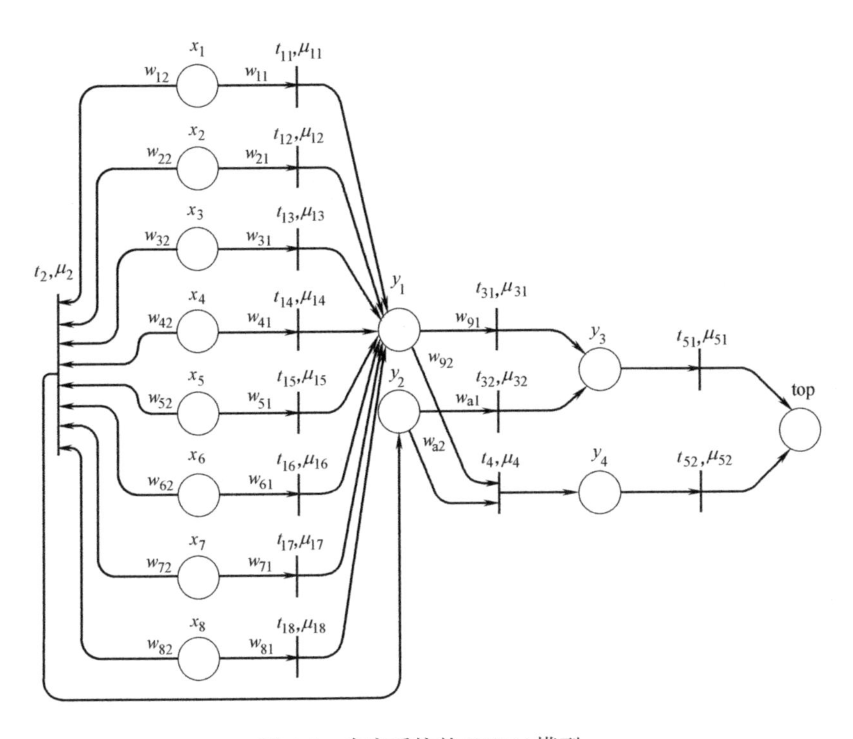

图 6-5　专家系统的 FNPN 模型

令初始值为：$w_{11}=w_{21}=w_{31}=w_{41}=w_{51}=w_{61}=w_{71}=w_{81}=w_{91}=w_{a1}=0$，$w_{12}=w_{22}=w_{32}=w_{42}=w_{52}=w_{62}=w_{72}=w_{82}=w_{92}=w_{a2}=1$。所有信任度都取 1，步长取 0.0001，用 100 组样本值中的 80 组数据对权值和信任度进行训练，训练结果如图 6-6 所示。

对训练后的参数用样本中的剩余 20 组数据进行测试，测试的误差如图 6-7 所示。平均误差为 0.03257，绝对误差不超过 0.06。可以看出，用于估算复杂系统的可靠度时，在具有一定专家知识的情况下，该方法有较小的误差和较快的训练速度。

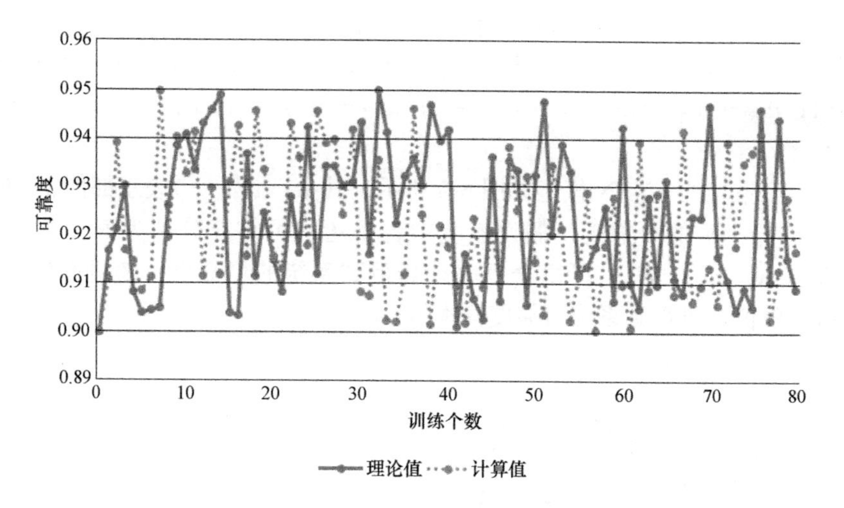

图 6-6　样本训练结果

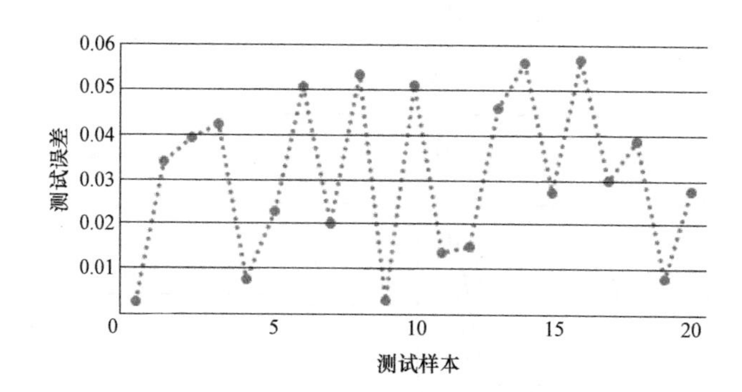

图 6-7　测试误差分析图

第7章　基于混合Petri网的建筑智能化系统综合性能分析

在建筑智能化系统中，有很多子系统既包含连续状态变量，又包含离散状态变量，这些系统被称为混合系统，例如办公自动化系统、微电网系统等。随着计算机技术的发展，混合系统的应用范围也越来越广泛，因此现在很多学者也开始对混合系统进行分析和研究，并提出了基于混合 Petri 网的系统性能分析方法。

混合系统是由相互作用的离散事件动态系统和连续变量动态系统构成的复杂系统，在本章中，将探讨混合 Petri 网在建筑智能化系统性能分析中的应用和实践，本章建立的混合 Petri 网能够描述和分析系统中确定性的离散事件，以及离散事件或连续演变的并发问题。本章的模型可以覆盖离散 Petri 网和时间 Petri 网，使离散事件系统、实时离散事件系统和混合系统理论研究统一到同一理论框架中。

7.1　混合 Petri 网

混合 Petri 网（Hybrid Petri Net，HPN）是在传统 Petri 网的基础上发展起来的一种新的 Petri 网模型，是离散事件系统和连续事件系统并存的一种 Petri 网建模方法，它具有表示形象，修改方便，以及可用于定性、定量分析，实时监控和仿真可采用同一模型的优点，并可以与实时数据库进行交互。

7.1.1　混合 Petri 网的定义

定义 7.1　混合 Petri 网是一个六元组 $HPN=(P,T,I,O,D,C)$。其中：

（1）$P=P_d \cup P_c$ 是库所的有限集合，它包括为离散库所集合 P_d 和连续库所集合 P_c；

（2）T 是变迁的有限集合，它包括为离散变迁集合 T_d 和连续变迁集合 T_c，即 $T=T_d \cup T_c$，离散变迁集合 T_d 可以分为即时变迁 T_l 和赋时离散变迁 T_t，即 $T_d=T_l \cup T_t$，赋时离散变迁 T_t 又可分为确定时间离散变迁 T_D 和随机离散

变迁 T_E，即 $T_t = T_D \cup T_E$；

(3) I 是输入函数，它定义了从 P 到 T 的有向弧的权的集合，具体来说，$P_c \times T \to R_0^+$，$P_d \times T \to N_0^+$，在这里，R_0^+ 为非负实数，N_0^+ 为非负整数；

(4) O 是输出函数，它定义了从 T 到 P 的有向弧的权的集合，具体来说，$T \times P_c \to R^+$，$T \times P_d \to N^+$，在这里，R^+ 为正实数，N^+ 为正整数；

(5) D：$T_t \to R^+$ 定义了确定时间离散变迁的时延 d 或服从指数分布的随机离散变迁的激发率 λ；

(6) 对于任意连续变迁 $t_j \in T_c$，定义 $C(t_j) = (V'_j, V_j)$，$V'_j \leqslant V_j$，在这里 V'_j 和 V_j 分别表示连续变迁 t_j 的最小激发速度与最大激发速率。

定义 7.2　混合 Petri 网的标识。

HPN 的标识 m：$P_d \to N^+$，$P_c \to R^+$ 为一函数，它为每一个离散库所分配一定数量的托肯，为每一连续库所分配一定容量的“流体”。在时刻 τ 的系统标识记为 $m(\tau)$，初始时刻 τ_0 的系统标识为 $m(\tau_0)$。P_c 和 P_d 的标识 m^c、m^d 分别为标识的连续与离散部分。

定义 7.3　混合 Petri 网的使能与激发规则。

(1) 离散变迁的使能与激发规则：在当前标识 $m(t)$ 下，对于离散变迁 t，若 $\forall p_i \in \blacksquare t$（包括离散与连续输入库所），$m(\tau) \geqslant I(p_i, t)$，则该变迁使能，激发 t 将得到 $m_i(\tau) = m_i(\tau^-) + C(\blacksquare, t)$，其中 $C(\blacksquare,\ t)$ 表示关联矩阵 C 中变迁所对应的列，$m_i(\tau^-)$ 是 $m_i(\tau)$ 变迁 t 激发前的状态。

(2) 连续变迁的使能与激发规则：在当前标识 $m(t)$ 下，对于连续变迁 t，若 $\forall p_i \in {}^d t : m_i(\tau) \geqslant I(p_i, t)$，则该变迁使能；若同时，$\forall\ p_i \in {}^c_t : m_i(\tau) > 0$，则称 t 为强使能的；若对于部分 $p_i \in {}^c_t : m_i(\tau) = 0$，则称为弱使能。

上述离散变迁的使能与引发规则与 Petri 网完全相同，只不过在计算混合 Petri 网新的标识时涉及了实数。连续变迁的使能条件与 Petri 网不同，是否使能只需要考虑离散输入库所，而连续输入库所只是用来区别强使能与弱使能。

7.1.2　离散部分与连续部分的关系

在混合 Petri 网模型中，离散部分和连续部分是相互作用和相互影响的。一般来说，一个混合 Petri 网都包括离散部分和连续部分，并且这两部分是通过连接在一个离散节点 P^D 或 T^D 以及一个连续节点 P^C 或 T^C 间的弧相互关联起来。在某些情况下，一部分可以在不改变本身的标识的条件下来影响另一部分的行为；在其他情况下，一个离散变迁的激发能够同时改变离散库所和连续库所的标识。

1. 离散部分对连续部分的影响

如图 7-1 所示的混合 Petri 网模型中，当离散库所 P_3 中的标识数为 1 时，

连续变迁 T_1 就是使能的，并以速度 v 引起激发；当连续库所 P_3 中标识转移到 P_4 时，离散库所 P_3 中的标识数就减少为 0，此时离散变迁 T_1 将不再使能，也就不再激发。在连续部分，库所 P_3 中的标识数只要大于 0，连续变迁 T_1 就能够激发。

2. 连续部分对离散部分的影响

如图 7-2 所示的混合 Petri 网模型中，当连续库所 P_2 中的标识数达到 8 时，离散变迁 T_2 激发，P_3 中的标识被移走变为 0，连续变迁 T_1 将不再使能，也就不再激发。

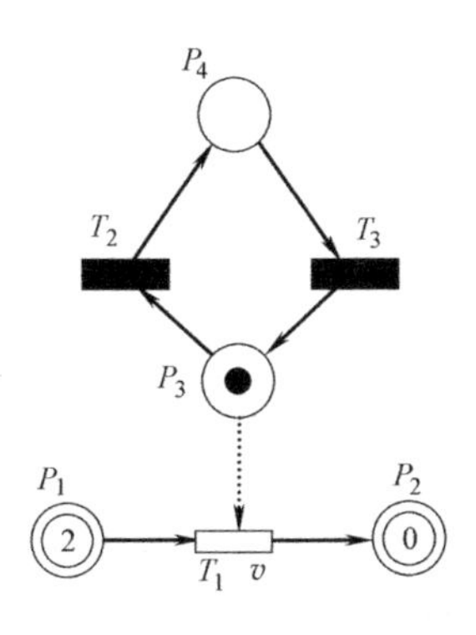

图 7-1　离散部分对连续部分的影响

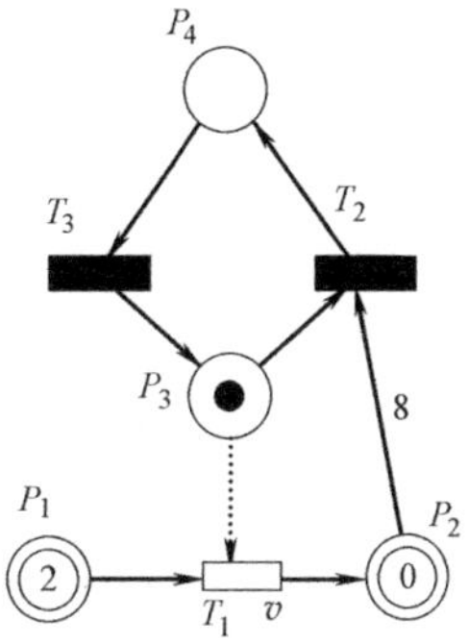

图 7-2　连续部分对离散部分的影响

7.1.3　混合 Petri 网中的冲突

在混合 Petri 网中，如果两个或两个以上变迁分享同一个输入库所，则可能产生冲突，冲突主要有三种情况：离散变迁之间的冲突、连续变迁之间的冲突、离散变迁和连续变迁之间的冲突。

1. 离散变迁之间的冲突

离散变迁之间的冲突属于经典 Petri 网中的冲突问题。解决该冲突的方法是制定优先级。也就是说，如果离散变迁之间存在冲突，可以分别给出冲突变迁的优先级，优先级高的变迁将获得优先激发权。

2. 连续变迁之间的冲突

如果在最大激发速度不依赖于输入库所标识的情况下，连续变迁之间可能产生冲突。解决该冲突的方法可以制定如下规则：共享输入库所是连续库所 p_i，且 $M(p_i)=0$，如果 p_i 共享的连续变迁之间存在冲突，则规定 $\sum_{t_j \in p_i} O(p_i, t_j)v_j = \sum_{t_j \in p_i} I(p_i, t_k)v_k$ 。

3. 离散变迁和连续变迁之间的冲突

离散变迁和连续变迁发生冲突，由于两个变迁的作用不同，离散变迁的激发对应于系统状态的变化，而连续变迁的激发则对应于连续动态。对于该冲突的解决方法是规定离散变迁的激发优先于连续变迁的激发。

7.2 建筑智能化系统的混合 Petri 网模型

基于混合 Petri 网的建筑智能化系统建模，其方法与传统 Petri 网建模类似，都是直接对建筑智能化系统的构件进行建模，模型中的初始标识都包含了与构件的动作逻辑相关的状态信息。然而与传统 Petri 网不同的是混合 Petri 网必须充分考虑构件的失效信息，建立相应构件的失效模型，通过性能分析得到系统的可靠性和安全性判断。与传统 Petri 网相比较，混合 Petri 网的结构降低了模型的复杂性，输入输出的规模更小，数据计算更加简单。更重要的是，当建筑智能化系统的拓扑结构发生改变时，不需要重新建立混合 Petri 网模型，只需在原有模型上更新相应的数据信息即可，因此，混合 Petri 网模型比传统 Petri 网模型有更好的结构适应性。

根据国内外相关文献，现有基于混合 Petri 网的建模方法主要有：基于微分方程的建模法、Petri 网与微分方程组合建模法、分层建模法。

（1）基于微分方程的建模法。这种方法是在同一层次上对系统的离散部分和连续部分建模。用离散库所表示系统的状态，连续库所表示系统的状态变量。

（2）Petri 网与微分方程组合建模法。Petri 网模型用于描述离散部分，微分方程组用来描述连续部分，通过积分器实现离散部分和连续部分的接口。这种方法是对已经发展成熟的网理论和连续动态系统理论的一种很好的结合。

（3）分层建模法。该方法将一个复杂问题分成几个子问题来解决，其优点是可以大大降低建模难度。分层建模通常是将整个系统分解成基本的控制层、协调层和监督层，再对各层采用相应的模型来描述。离散的控制策略用离散事件模型来描述，连续过程则采用连续的模型来描述，各层根据目的不同而采用不同类型的 Petri 网进行描述。

本节依然沿用建筑智能化系统通信网络的案例，混合 Petri 网模型中将建筑智能化系统通信网络的各个构件的动作逻辑分为数据发送和数据接收两个部分。数据发送超时后有重传机制作为备份，数据接收有合法性校验机制作为保护。通信网络构件的混合 Petri 网模型如图 7-3 所示。

构件模型中 S_1 和 E_1 分别表示发送数据和重传数据，R_1 和 C_1 表示接收数据和校验数据。权值 w_1 和 w_2 分别表示发送数据和重传数据对系统失效的影响程度，权值 w_3 和 w_4 分别表示接收数据和校验数据对系统失效的影响程度。变

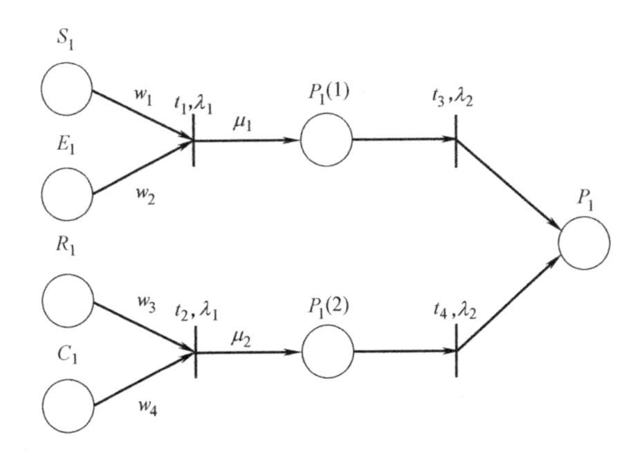

图 7-3　通信网络构件的混合 Petri 网模型

迁 t_1 和 t_2 对应的阈值都为 λ_1，在失效信息不明确的情况下，可以获得一个较小的失效概率，保证系统的可靠性。权值 μ_1 和 μ_2 分别表示“发送＋重传数据”和“接收＋校验数据”对系统失效的影响程度，也就是变迁 t_1 和 t_2 分别对库所 P_1（1）和 P_1（2）的影响程度。库所 P_1（1）和 P_1（2）都是缓存库所，没有具体的物理含义。变迁 t_3 和 t_4 对应的阈值都为 λ_2。

通信网络的综合模型是由所有构件的子模型联合获得的，如图 7-4 所示。

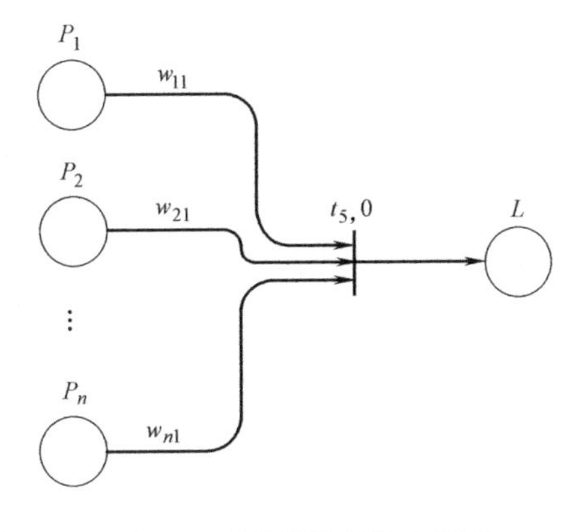

图 7-4　通信网络的综合模型

为了提高系统模型的精确性，系统综合模型中的库所对最终结果的权值根据以下原则进行赋值：①发送端和接收端都是同类型设备，则各赋值 0.5；②发送端为服务器，接收端为客户机，则分别赋值为 0.55 和 0.45；③发送端为客户机，接收端为服务器，则分别赋值为 0.45 和 0.55。变迁 t_5 对应的阈值为 0，对库所 L 的贡献度为 1。

7.3　混合 Petri 网模型的分析

7.3.1　混合 Petri 网的推理规则

为了能够对混合 Petri 网进行推理，需要制定相应的规则并规范其过程。本节借鉴文献［61］，定义以下5个算子。

（1）直乘算子$\odot$：$A\odot B=C$，则$c_{ij}=a_{ij}b_{ij}$。

（2）比较算子$\ominus$：$A\ominus B=C$，若$a_{ij}>b_{ij}$，则$c_{ij}=a_{ij}$；若$a_{ij}\leqslant b_{ij}$，则$c_{ij}=0$。

（3）加法算子$\oplus$：$A\oplus B=C$，在这里A、B、C均为$m\times n$维的矩阵，则$c_{ij}=\max(a_{ij},b_{ij})$。

（4）乘法算子$\otimes$：$A\otimes B=C$，则$c_{ij}=\max_{1\leqslant k\leqslant l}(a_{ik},b_{kj})$。

（5）矩阵乘法算子$\cdot$：$A\cdot B=C$，则$c_{ij}=\sum_{k=1}^{l}a_{ik}b_{kj}$。

混合Petri网的推理步骤如下。

第一步：数据输入I，O，W，U，T_{λ}是$m\times n$维的矩阵，初始状态向量为M_0。

第二步：令推理迭代次数k等于1。

第三步：计算每个变迁的等值输入可信度，即$S^{k+1}=M_k\cdot(W\odot I)$。

第四步：计算得到存在发生权的变迁矩阵F，当输入可信度的向量大于对应的变迁阈值时，保持输入可信度原有值不变，小于或者等于相应的变迁阈值时，相应的变迁可信度置为0，$F^{k+1}=S^{k+1}\ominus T_{\lambda}$。

第五步：如果F^{k+1}为非零矩阵，则输出置信度矩阵公式为$V^{k+1}=(A\odot B)\cup(F^{k+1})^{\mathrm{T}}$，否则推理结束。

第六步：计算库所的下一步标识向量$M_{k+1}=(V^{k+1})^{T}\oplus M_k$，若$M_{k+1}=M_k$，则继续进行该步骤，若$M_{k+1}\neq M_k$，则令$k=k+1$，转至第三步再次计算$M_{k+1}$。

第七步：推理结束。

7.3.2 混合Petri网的学习

由于混合Petri模型的结构和形式与神经网络具有相似性，借鉴神经网络，混合Petri网的学习可以使用BP算法，将BP算法用于混合Petri网模型的分析中。BP算法最早由Werbos于1974年提出，1985年Rumelhart等人发展了该理论。BP网络采用有指导的学习方式，其学习包括以下4个过程：

（1）组成输入模式由输入层经过隐含层向输出层的“模式顺传播”过程；

（2）网络的期望输出与实际输出之差的误差信号由输出层经过隐含层逐层修整连接权的“误差逆传播”过程；

（3）由“模式顺传播”与“误差逆传播”的反复所形成的网络“记忆训练”过程；

（4）网络趋向收敛即网络的总体误差趋向极小值的“学习收敛”过程。

在训练阶段中，训练实例重复通过网络，同时修正各个权值，改变连接权值的目的是最小化训练集误差率。继续网络训练直到满足一个特定条件为止，终止条件可以使网络收敛到最小的误差总数，可以是一个特定的时间标准，也可以是最大重复次数。在混合 Petri 网模型中使用 BP 算法，其参数样本数据经过训练后，对样本之外的输入也能通过映射得到合适的输出结果。

在混合 Petri 网模型中应用 BP 算法，首先需要设置一个初始值，对模型中的每一个节点通过“误差逆传播”过程进行参数调整，使得参数设置与真实值之间的差距满足设定的要求。对于权值学习时，引入连续函数 $f(x)=\frac{1}{1+e^{-b(x-\lambda)}}$ 来判断变迁是否使能。其中，b 是一个常数，λ 是阈值。如果 b 足够大，当 $x-\lambda>0$ 时，$f(x)=1$，变迁可以被激发；当 $x-\lambda<0$ 时，$f(x)=0$，变迁不会激发；库所的输出可信度函数为 $Z(x)=y(x)\cdot u=x\cdot f(x)\cdot u=x\cdot\frac{1}{1+e^{-b(x-\lambda)}}\cdot u$。其中 $x=\sum_{i=1}^{n}\alpha(P_i)\cdot w_i$，当 $x>\lambda$ 时，变迁 t 激发后，变迁输出函数为 $y(x)$，输出库所的托肯值为 $Z(x)>0$；当 $x<\lambda$ 时，t 未被激发，变迁输出库所的托肯值为 $Z(x)=0$。

具体的过程如下。

1）构造误差函数

为了确保真实值与理论值之间误差的正确性，需要给出参数训练的限制条件。设变迁 t_i 对应的输入弧权值之和为 $\sum_{i=1}^{n}\alpha(P_i)\cdot w_i$，阈值为 λ_i，输出的可信度为 u_i，库所的输出误差为 $E=d-Z$。若混合 Petri 网中需要学习的训练样本量为 r，输出库所的个数为 n，则误差函数为：

$$E=\frac{1}{2}\sum_{i=1}^{r}\sum_{j=1}^{n}(d_i^j-Z_i^j)^2$$

其中，d_i^j 和 Z_i^j 分别表示第 i 个样本数据的终止库所的目标值的理论值和真实值。

2）参数求导

若 $t_i^{(n)}\in T$ 是混合 Petri 网模型的第 n 层的一个变迁，$t_i^{(n)}$ 的输入弧上的权值分别为 $w_{i1}^{(n)},w_{i2}^{(n)},\cdots,w_{im}^{(n)}$，$t_i^{(n)}$ 的阈值为 $\lambda_i^{(n)}$，可信度为 $u_i^{(n)}$。设 $P_j^{(n)}\in O(t_i^{(n)})$，则 $P_j^{(n)}$ 是终止库所，终止库所的输出为 $Z^{(n)}(P_j)$，用基于 BP 算法的误差反传算法计算一阶梯度：

$$\frac{\partial E}{\partial u_i^{(n)}}=\frac{\partial E}{\partial e^{(n)}}\times\frac{\partial e^{(n)}}{\partial Z^{(n)}(P_j)}\times\frac{\partial Z^{(n)}(P_j)}{\partial u_i^{(n)}}=\sum_{i=1}^{r}(d_i^j-Z_i^j)\times(-1)\times\frac{\partial Z^{(n)}(P_j)}{\partial u_i^{(n)}}$$

令 $\delta_i=\sum_{i=1}^{r}(d_i^j-Z_i^j)$，则有：

$$\frac{\partial E}{\partial u_i^{(n)}}=-\delta_i\times\frac{\partial Z^{(n)}(P_j)}{\partial u_i^{(n)}}$$

$$\begin{aligned}\frac{\partial E}{\partial \lambda_i^{(n)}}&=\frac{\partial E}{\partial e^{(n)}}\times\frac{\partial e^{(n)}}{\partial Z^{(n)}(P_j)}\times\frac{\partial Z^{(n)}(P_j)}{\partial \lambda_i^{(n)}}\\&=\sum_{i=1}^{r}(d_i^{\,j}-Z_i^{\,j})\times(-1)\times\frac{\partial Z^{(n)}(P_j)}{\partial \lambda_i^{(n)}}\\&=-\delta_i\times\frac{\partial Z^{(n)}(P_j)}{\partial \lambda_i^{(n)}}\end{aligned}$$

$$\begin{aligned}\frac{\partial E}{\partial w_{ij}^{(n)}}&=\frac{\partial E}{\partial e^{(n)}}\times\frac{\partial e^{(n)}}{\partial Z^{(n)}(P_j)}\times\frac{\partial Z^{(n)}(P_j)}{\partial w_{ij}^{(n)}}\\&=\sum_{i=1}^{r}(d_i^{\,j}-Z_i^{\,j})\times(-1)\times\frac{\partial Z^{(n)}(P_j)}{\partial w_{ij}^{(n)}}\\&=-\delta_i\times\frac{\partial Z^{(n)}(P_j)}{\partial w_{ij}^{(n)}}\end{aligned}$$

3）标准 BP 算法的参数调整

获得参数的一阶梯度后，按照以下学习算法实施变迁 t_i 相关参数的调整：

$$u_i(k+1)=u_i(k)+\Delta u_i=u_i(k)-\eta\delta_i\ \frac{\partial Z(P_j)}{\partial u_i}$$

其中，η 表示学习效率。

$$\lambda_i(k+1)=\lambda_i(k)+\Delta\lambda_i=\lambda_i(k)-\eta\delta_i\ \frac{\partial Z(P_j)}{\partial \lambda_i}$$

$$w_{ij}(k+1)=w_{ij}(k)+\Delta w_{ij}=w_{ij}(k)-\eta\delta_i\ \frac{\partial Z(P_j)}{\partial w_{ij}}$$

$w_{ij}(k+1)+\sum_{j=1}^{m-1}w_{ij}(k+1)=1$，它保证了变迁 t_i 对应的输入弧上的权值之和总是等于 1。

4）算法的改进

标准 BP 算法具有严格细致的逻辑演算，具有很强的泛化以及非线性映射能力，但是在实际使用过程中，还存在一些缺陷。例如，算法的输出可信度和权值在上述迭代学习过程中收敛速度慢、易陷入局部最优解、精度低。鉴于这些问题，可以采取附加动量法加以改进。

附加动量法是以“误差逆传播”为基础，对于需要计算的参数在它的变化过程中引入上一次的权值或可信度变化量的值，并根据反射传播来产生新的权值或可信度变化。通过动量因子来传递最后一次权值或可信度变化的影响，促使权值或可信度的调节朝着误差的平均方向变化，利于网络从误差局部极小值中跳出。

附加动量因子的调整公式如下：

$$u_j(k+1)=u_j(k)+\beta\Delta u_j(k-1)-\eta\delta_i\frac{\partial Z(P_j)}{\partial u_i}$$

$$w_{ij}(k+1)=w_{ij}(k)+\beta\Delta w_{ij}(k-1)-\eta\delta_i\frac{\partial Z(P_j)}{\partial w_{ij}}$$

其中，β 为动量因子，取值为 $0<\beta<1$。

混合 Petri 网模型的训练步骤如下。

第一步：初始化模型中需校正的参数，设定最大训练次数 max、训练退出的条件 ε、b 值以及学习效率 η。

第二步：输入训练样本数量 r，通过模型的推理运算，获得输出库所的真实值，计算真实值与理论值的误差，再将误差从输出层开始依次逆向传播，校正更新参数。

第三步：若达到最大训练次数或者使得误差函数 E 小于训练退出的条件 ε，则记录训练获得的权值和可信度，学习终止。

混合 Petri 网模型的训练学习流程图如图 7-5 所示。

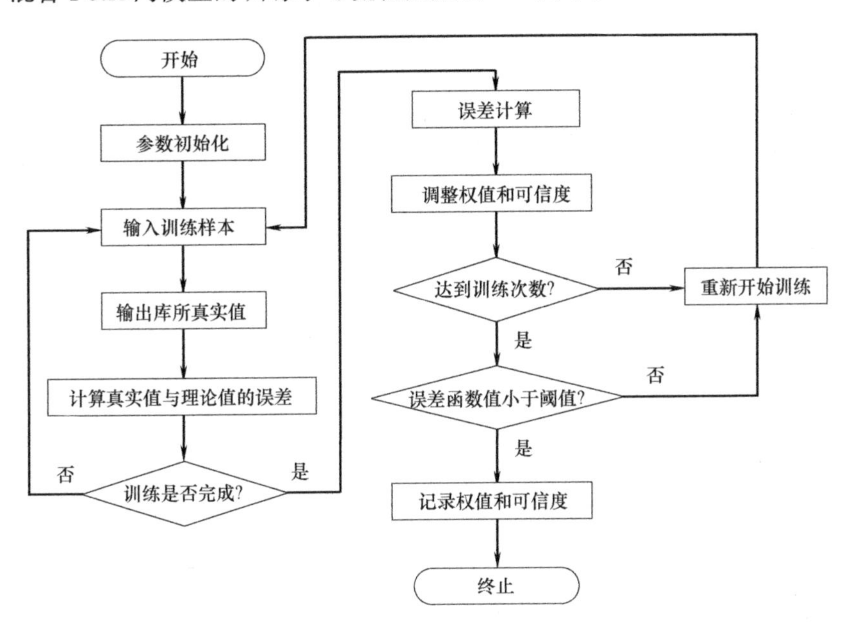

图 7-5　混合 Petri 网模型的训练学习流程

为了避免输入第一个样本，训练就满足要求而终止的情况，我们可以批量输入样本，当全部样本都输入后，一次性计算误差，误差反向传播，根据总误差计算各层的误差，再对需要训练的参数进行调整。该训练方法避免了由于样本的随机性而造成的训练中止，也保证了训练的期望值总是朝着最小值方向进行，提高了模型的收敛速度。更加重要的是，相比于每次输入样本就计算一次误差，再反传调整参数的模式，这种方法减少了训练次数，提高了训练速度。

7.4 案例分析

本节利用上一节的方法，对建筑智能化系统的通信网络的混合 Petri 网模型进行综合性能分析。由于正常情况下建筑智能化系统的通信网络中存在大量的数据交互，为了不失一般性，我们在实验室环境下收集了 14 天正常的网络数据包，每隔 0.5h 捕获一次，也就是说每天可以随机获取 48 次数据。数据捕获过程中，所有的设备都是真实的使用设备。主处理程序在服务器中完成，服务器硬件配置：处理器 8 核；内存 16G；网络连接 1000Mbit/s。在整个过程中，必须确保通信系统正常运行，因此在这期间内，我们隔离了外网。

正常状态的数据捕获后，我们对模型的参数进行自适应训练，基于上一节的学习算法，参数设定为：常数 $b=100$，阈值 $\lambda=0.2$，学习效率 $\eta=0.5$，$\varepsilon=10^{-6}$。用 100 组样本数据对混合 Petri 网模型进行学习训练，误差与迭代次数的关系如图 7-6 所示。根据训练结果，迭代 50 次后，误差就已经满足要求了。

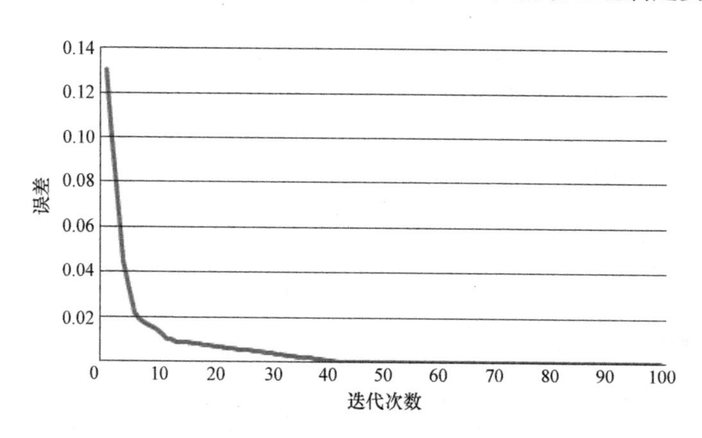

图 7-6　误差与迭代次数的关系

权值和可信度与迭代次数的关系分别如图 7-7 和图 7-8 所示。权值和可信度在经过 85 次训练后得到收敛，相关参数的训练结果见表 7-1 和表 7-2。

权值的训练结果　　**表 7-1**

参数	初始值	终止值
w_1	0.6175	0.5528
w_2	0.3825	0.4472
w_3	0.5961	0.5286
w_4	0.4039	0.4714

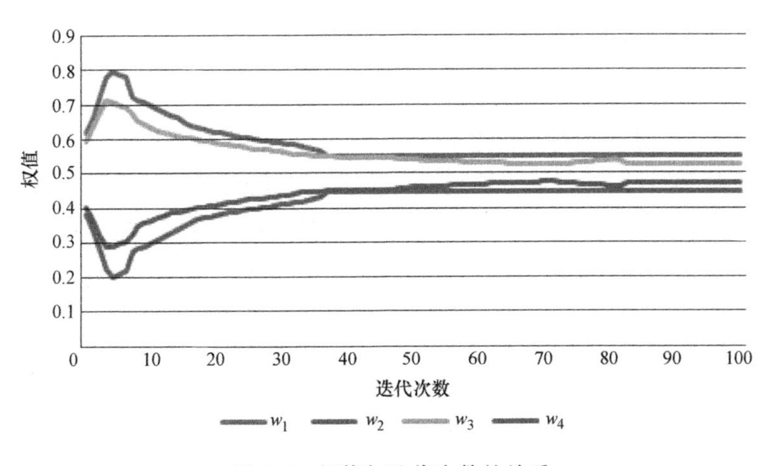

图 7-7　权值与迭代次数的关系

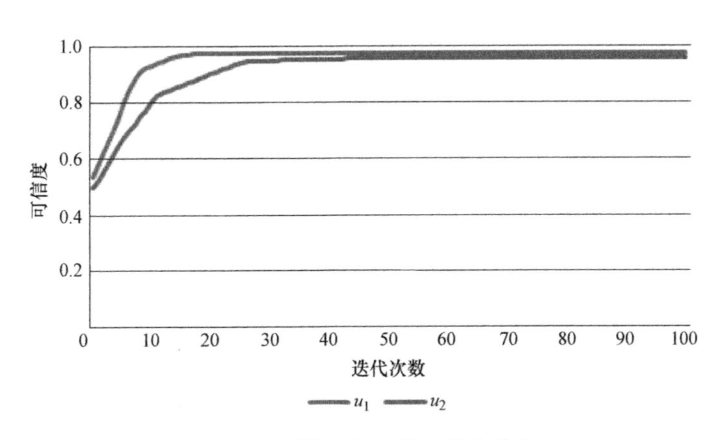

图 7-8　可信度与迭代次数的关系

可信度的训练结果　　　　**表 7-2**

参数	初始值	终止值
u_1	0.5358	0.9732
u_2	0.4971	0.9554

从结果可以看出，通信网络中的发送数据和接收数据对结果的影响相当，而且无论是发送数据还是接收数据，重传对系统失效的影响小于正常发送或接收。

结 束 语

本书对 Petri 网在建筑智能化系统中的建模、求解与分析进行了广泛而深入的探讨。经典 Petri 网的建模方法具有普适性，但是对于可靠性、实时性等性能的分析都具有局限性。对于比较复杂的系统而言，可以使用扩展形式的 Petri 网。但是，随着模型元素的增加，模型的规模变得越来越庞大，会导致系统的求解和分析变得比较困难。本书对经典 Petri 网和扩展 Petri 网在建模与分析方面都进行了比较，特别是对于系统不同的性能，选择不同的扩展方式，通过对具体案例的建模和分析，对 Petri 网相应的求解方法也进行了补充。

从应用方面来看，本书从建筑智能化系统的特点上，结合服务质量、可靠性等方面的要求，给出了一系列适合建筑智能化系统的优化方法，解决了目前系统服务质量模型不能对时间、动态属性进行准确地描述和评价的问题。

本书适合作为控制、通信等复杂系统设计和分析人员的参考用书，也可以作为相关专业的本科生和研究生教学用书。

参考文献

[1] 中华人民共和国国家标准. GB 50314—2015 智能建筑设计标准 [S]. 北京：中国计划出版社，2015.

[2] 王佳. 智能建筑概论 [M]. 北京：机械工业出版社，2017.

[3] 杜明芳. 智能建筑系统集成 [M]. 北京：中国建筑工业出版社，2009.

[4] 马飞虹. 建筑智能化系统——工程设计与监理 [M]. 北京：机械工业出版社，2003.

[5] 华东建筑设计研究院. 智能建筑设计技术 [M]. 第 2 版. 上海：同济大学出版社，2002.

[6] 郭晓岩. 建筑设备管理系统设计中应注意的问题 [J]. 楼宇自动化，2008 (7)：35-40.

[7] 隆贤良. 基于 Petri 网的法院办公管理系统的设计与实现 [D]. 长沙：湖南大学，2018.

[8] 张亚平，贾国洋，程绍武. 基于 Petri 网的航站楼安检流程建模及性能分析 [J]. 武汉理工大学学报（交通科学与工程版），2015，39 (4)：688-691，697.

[9] 林闯. 随机 Petri 网和系统性能评价 [M]. 第 2 版. 北京：清华大学出版社，2005.

[10] 翟禹尧，史贤俊，韩露，吕佳朋. 基于广义随机有色 Petri 网的测试性建模方法 [J]. 兵工学报，2021，42 (3)：655-662.

[11] 胡红革. 网络化控制系统 Petri 网建模与分析 [D]. 成都：电子科技大学，2005.

[12] 詹惠琴. 测试系统的 Petri 网建模和性能分析研究 [D]. 成都：电子科技大学，2005.

[13] Holger H，David N J，Yaroslav S U. A comparative reliability analysis of ETCS train radio communications [R]//AVACS technical report No. 2. Berlin：Olderog University，2005.

[14] Jensen K. Coloured Petri nets：basic concepts，analysis method and practical use (Vol. 1-3) [M]. Second Edition. Berlin：Springer-Verlag，1997.

[15] 原菊梅. 复杂系统可靠性 Petri 网建模及其智能分析方法 [M]. 北京：国防工业出版社，2011.

[16] 李子成. 基于 Petri 网的工业火灾应急响应行动建模与性能分析 [D]. 广州：广东工业大学，2019.

[17] 张乐伟. 基于赋时分层着色 Petri 网的工作流建模与性能评价 [D]. 青岛：中国石油大学（华东），2009.

[18] 方欢. Petri 网的优化协调控制理论及其应用研究 [D]. 合肥：合肥工业大学，2013.

[19] 王玉英. 基于赋时有色 Petri 网的 Web 服务组合建模验证与测试技术研究 [D]. 西安：西安电子科技大学，2012.

[20] 李堃. 基于有色 Petri 网的 STP 安全通信协议设计与验证 [D]. 北京：中国铁道科学研究院，2018.

[21] 童喆. 基于着色 Petri 网的应急预案业务流程建模与分析研究 [D]. 南京：南京邮电大学，2011.

[22] 隋瑞升. 基于着色 Petri 网的软件性能评价研究 [D]. 青岛：中国石油大学（华

东），2008.
[23] 夏浩男. 基于着色 Petri 网的 RBC 控车场景的研究与实现 [D]. 北京：北京交通大学，2019.
[24] 周颖. 基于 CPN 的 RBC 系统的建模与仿真 [D]. 成都：西南交通大学，2013.
[25] 陈鹤峰. 基于面向资源 Petri 网的自动化制造系统的死锁控制与优化 [D]. 广州：广东工业大学，2019.
[26] B. W. Boehm. Software Engineering Economics [M]. Englewood Cliffs，NJ：Prentice Hall，1981.
[27] 王珊珊. 有色 Petri 网的行为研究 [D]. 南京：南京航空航天大学，2008.
[28] 靳亚铭. 基于 Petri 网的化工生产开停车过程研究 [D]. 北京：北京化工大学，2006.
[29] 杜磊. 基于系统仿真方法的产业新城开发过程演化研究 [D]. 重庆：重庆大学，2019.
[30] 赵换芳. 基于 Petri 网的混合遗传算法在混流制造调度中的应用研究 [D]. 广州：广东工业大学，2020.
[31] 张言. 大型生活超市火灾疏散路径规划研究 [D]. 天津：天津理工大学，2018.
[32] Bruno Cesar F. Silva，Gustavo Carvalho，Augusto Sampaio. CPN simulation-based test case generation from controlled natural-language requirements [J]. Science of Computer Programming，2019，181 (15)：111-139.
[33] 杨博钦. 基于 Petri 网的电梯群控系统 [D]. 成都：西华大学，2015.
[34] So A，Cheng G，Suen W，et al. Elevator performance Evaluation in two numbers [J]. Elevator world ，2005 (53)：102-105.
[35] 李小倩. 电梯群控系统调度策略研究与仿真设计 [D]. 南京：南京航空航天大学，2013.
[36] 刘政. 基于强化学习的电梯群控调度技术研究 [D]. 哈尔滨：哈尔滨理工大学，2014.
[37] 胡容. 电梯群控系统优化研究 [D]. 西安：长安大学，2013.
[38] 吴哲辉. Petri 网导论 [M]. 北京：机械工业出版社，2006.
[39] Chretienne P. Timed Petri nets：a solution to the minimum-time-reachability problem between two states of a timed-event graph [J]. Journal of systems & software，1986，6 (1)：95-101.
[40] 王荣. 基于时延 Petri 网的最短时间路径规划 [D]. 西安：西安电子科技大学，2020.
[41] Chen J，Kumar R. Failure detection framework for stochastic discrete event systems with guaranteed error bounds [J]. IEEE transactions on automatic control，2015，60 (6)：1542-1553.
[42] Yin X. Verification of Prognosability for Labeled Petri Nets [J]. IEEE transactions on automatic control，2018，63 (6)：1828-1834.
[43] 吴文青. 带标签 Petri 网系统的分散式故障预测 [D]. 上海：上海交通大学，2019.
[44] 王笋. 基于时间 Petri 网的分布式协同工作流研究 [D]. 青岛：山东科技大学，2007.
[45] 蔡露. 基于 Petri 网的顺序离散事件机电系统故障诊断方法的研究 [D]. 上海：上海交通大学，2011.

[46] Li X-O，Lara-Rosano F. Adaptive fuzzy Petri nets for dynamic knowledge representation and inference [J]. Expert systems with applications，2000，19 (3)：235-241.
[47] 鲍培明. 基于 BP 网络的模糊 Petri 网的学习能力 [J]. 计算机学报，2004，27 (5)：695-702.
[48] 原菊梅，侯朝桢，王小艺，等. 复杂系统可靠性估计的模糊神经 Petri 网方法 [J]. 控制理论与应用，2006，23 (5)：687-691.
[49] S. Wang，X Zhou. Optimization of reactive power in distribution network with hierarchical clustering and ant colony algorithm [J]. Power system technology，2011，35 (8)：161-167.
[50] 薛铮，孙勇，董政呈，等. 基于模糊 Petri 网的用电信息采集系统故障诊断方法 [J]. 电测与仪表，2019，56 (13)：64-69.
[51] A. Giua，E. Usai. High-level hybrid Petri nets：a definition [C]// Proceedings of the 35th Conference on Decision and Control，1996：148-150.
[52] 江志斌. Petri 网及其在制造系统建模与控制中的应用 [M]. 北京：机械工业出版社. 2004.
[53] R. David，H. Alla. On Hybred Petri Nets，Discrete Event Dynamic Systems：Theory and Applications，2001：11.
[54] A. D. Frbbraro，A. Giua，G. Menga. Special issue on Hybrid Petri Nets，Discrete Event Dynamic Systems：Theory and Applications，2001 (11)：5-8.
[55] R. David. Modeling of hybrid systems using continuous and hybrid Petri nets，IEEE，1999：47-58.
[56] C. Valantin-Roubinet. Modeling of Hybrid Systems：DAE Supervised by Petri Nets，The Example of a Gas Storare，Proceeding of 3rd Internation Conference On Automation of Mixed Process，ADPM98 Reims，France，1998：142-149.
[57] Tsinarakis George J，Tsourveloudis Nikos C，Valavanis Kimon P. Modeling，analysis，synthesis and performance evaluation of multioperational production systems with hybrid timed Petri Nets [J]. IEEE transactions on automation science and engineering，2006，3 (1)：29-46.
[58] 何贤会，高春华，王慧. 基于混杂 Petri 网的混杂系统建模方法 [J]. 机电工程. 2000，17 (2)：69-72.
[59] 孙宇博. 基于混合 Petri 网的矿井生产主物流系统建模与仿真 [D]. 成都：西南交通大学，2012.
[60] 温和昌. 基于混合 Petri 网的微电网故障诊断方法的研究 [D]. 南昌：南昌大学，2019.
[61] 陈强，程学珍，刘建航，等. 基于分层变迁的 WFPN 电网故障分析 [J]. 电工技术学报，2016，31 (15)：125-135.